U1076285

高效推进知识产权强国战略丛书

专利运营概论

国家知识产权局专利局专利审查协作广东中心◎组织编写

李　冲◎编

知识产权出版社
全国百佳图书出版单位
—北京—

图书在版编目（CIP）数据

专利运营概论/李冲编. —北京：知识产权出版社，2022.6
ISBN 978-7-5130-8176-4

Ⅰ.①专… Ⅱ.①李… Ⅲ.①专利—运营管理—概论 Ⅳ.①G306.3

中国版本图书馆CIP数据核字（2022）第083339号

内容提要

专利运营是通过对专利或专利申请进行运作经营，促进专利技术的应用和转化，实现专利技术的经济价值或效能的活动，其贯穿于专利的创造、运用、保护、管理和服务全链条。本书从全链条的角度进行梳理，对专利运营进行探索和思考，希望帮助读者形成清晰的思路，为专利运营工作提供借鉴和参考。

责任编辑：李 潇 刘晓琳　　**责任校对**：潘凤越
封面设计：杨杨工作室·张 冀　　**责任印制**：刘译文

高效推进知识产权强国战略丛书
专利运营概论
国家知识产权局专利局专利审查协作广东中心 组织编写
李 冲 编

出版发行：	知识产权出版社有限责任公司	**网　　址**：	http：//www.ipph.cn
社　　址：	北京市海淀区气象路50号院	**邮　　编**：	100081
责编电话：	010-82000860转8133	**责编邮箱**：	3275882@qq.com
发行电话：	010-82000860转8101/8102	**发行传真**：	010-82000893/82005070/82000270
印　　刷：	三河市国英印务有限公司	**经　　销**：	新华书店、各大网上书店及相关专业书店
开　　本：	720mm×1000mm 1/16	**印　　张**：	16
版　　次：	2022年6月第1版	**印　　次**：	2022年6月第1次印刷
字　　数：	254千字	**定　　价**：	89.00元

ISBN 978-7-5130-8176-4

高效推进知识产权强国战略丛书

编委会

《专利运营概论》分册

编写组成员： 李　冲

审 稿 人 员： 杨隆鑫

总　序

在我国进入新发展阶段的时代背景下，知识产权作为国家发展战略性资源和国际竞争力核心要素的作用更加凸显。2018 年 4 月 10 日，国家主席习近平出席博鳌亚洲论坛 2018 年年会开幕式并发表主旨演讲，强调加强知识产权保护是完善产权保护制度最重要的内容，也是提高中国经济竞争力最大的激励。2020 年 11 月 30 日，习近平总书记在十九届中央政治局第二十五次集体学习时指出，知识产权保护工作关系国家治理体系和治理能力现代化，关系高质量发展，关系人民生活幸福，关系国家对外开放大局，关系国家安全。

我国的知识产权事业经过多年发展已经取得了长足进步，特别是党的十八大以来更是加速发展，日新月异，成绩喜人，但总体而言，如习近平总书记所指出，我国正在从知识产权引进大国向知识产权创造大国转变，知识产权工作正从追求数量向提高质量转变。新时代迫切需要大作为，以早日实现上述两个转变。

中共中央、国务院在 2021 年 9 月印发的《知识产权强国建设纲要（2021—2035 年）》（以下简称《纲要》），是以习近平同志为核心的党中央面向知识产权事业未来十五年发展作出的重大顶层设计，是新时代建设知识产权强国的宏伟蓝图，是我国知识产权事业发展的重大里程碑。建设知识产权强国是建设社会主义现代化强国的必然要求，是推进国家治理体系和治理能力现代化的内在需要，是推动高质量发展的迫切需要，是推动构建新发展格局的重要支撑。《纲要》明确了 6 个方面 18 项重点任务，其中将开发一批知识产权精品课程，开展干部知识产权学习教育作为“营造更加开放、更加积极、更有活力的知识产权人才发展环境”的重要一环。

国家知识产权局专利局专利审查协作广东中心（以下简称“审协广东中心”）是经中央编办批复，于2011年9月成立的具有独立法人资格的公益二类事业单位，隶属国家知识产权局专利局。受国家知识产权局专利局委托，审协广东中心主要履行发明专利审查和知识产权服务两大职能。成立以来，审协广东中心人员队伍不断壮大，现有员工近2 000名，审查员中研究生以上学历占比90%以上，已形成一支覆盖机械、电学、通信、医药、化学、光电、材料等各个专业技术领域的高素质人才队伍，为高质量专利审查和高水平创新服务提供了坚实的人才保障。截至2021年10月，审协广东中心秉持“保护创新，让创造更具价值”的使命和“开放、包容、务实、创新”的理念，累计完成了超过120万标准件发明专利的实质审查。2021年的年审查量占全国的六分之一左右，成为我国专利审查事业的一支依靠力量。此外，审协广东中心按照“立足广州、辐射华南、示范全国”的思路和追求积极开展知识产权服务工作，包括战略新兴产业导航预警、分类检测、重大项目咨询、助力科技攻关和“卡脖子”技术突破、知识产权培训等多方面知识产权服务，累计已完成数百个项目，取得丰硕成果和良好的社会效益。十年来，审协广东中心在知识产权服务方面已在华南地区乃至全国具有较大影响力。

作为规模和能力已经凸显的国家专利审查和知识产权综合性服务机构，审协广东中心有责任利用自身优势和资源在做好发明专利实质审查的同时服务区域经济，依托十年来结晶而成的智慧和经验开发一批知识产权精品课程，以利开展知识产权学习教育，增强全社会在新形势下做好知识产权工作的能力，为构建新发展格局做出有益贡献。

为此，审协广东中心遴选优秀的工作人员成立“高效推进知识产权强国战略”丛书专项工作组，并组成由中心领导班子成员牵头的编委会。工作组成员均具有较高的理论修养、丰富的实践经验以及贡献自身智慧和经验的热情，有的成员还是丛书中相关成功案例的直接参与者和重要贡献者。同时，各分册的内容均按照撰写加审稿的模式进行双重把关，以保障书籍内容的正确性和可靠性。该套丛书集审协广东中心智慧，按照“注重实效、重点突出、开阔思路、全球眼光”的原则，历时一年多，精心编撰而成。

在全国上下深入贯彻落实《纲要》的总体要求和重要部署的背景下，审协广东中心组织编写本套丛书可谓正当其时。丛书包括十个分册，分别从知识产权政策、高价值专利创造与培育、专利申请与布局、专利代理与服务、专利审查实践与专利权获取、专利文献检索、专利导航与预警分析、专利运营、专利技术转化和运用案例、知识产权保护与维权等方面对知识产权的创造、运用、保护、管理和服务等重要链条结合相关工作的最新进展进行了充分阐述，回答了如何培育高价值专利、如何对创新成果进行布局、如何从审查角度看专利代理、如何把握专利审查标准、如何进行专利文献检索、如何在产业上提前导航和预警、如何对成果进行运营和转换、如何护航创新主体“走出去”等重要问题。

本套丛书具有如下特点。一是坚持问题导向，丛书结合业界目前存在的不足给出有针对性的解决方案。二是坚持全面性原则，十个分册从不同方面涵盖了知识产权的创造、运用、保护、管理和服务等从创新到保护的全链条。三是坚持实用性原则，丛书紧扣实际案例，强化可参考性。四是坚持时效性原则，丛书将知识产权工作的最新进展纳入进来，以利于业界了解知识产权发展的最新动态。

本套丛书有助于全社会充分了解和认识知识产权在新时期的重要价值，有助于科技攻关、创新护航、政府管理和企业赋能，有助于进一步推进知识产权强国建设。期望本套丛书的出版能为来自政府、高等院校、研究机构、创新主体、知识产权服务机构等的管理、研究和从业人员提供有力参考，使得审协广东中心和业界共同谱写我国知识产权工作的辉煌新篇章。

在丛书编写过程中，工作组得到了国家知识产权局领导的热情鼓励，审协广东中心领导的大力支持和专项工作组同事的齐心付出是丛书得以问世的重要保障。知识产权出版社编辑同志精益求精的工作作风和严格把关的质量意识推动了丛书的高质量出版，在此一并表示衷心的感谢。

前　言

近年来，我国知识产权运营体系建设成效显著。全国知识产权运营服务体系建设重点城市不断新增，这些重点城市的专利运营活动越来越活跃，已成为全国专利运营增长的主动力。批复支持建设的知识产权运营平台（中心）陆续落地，能更好地为更多创新主体服务，有效促成各类专利运营活动，为打造知识产权运营高地、辐射带动区域发展奠定了坚实基础。

专利运营是通过对专利或专利申请进行运作经营，促进专利技术的应用和转化，实现专利技术及经济价值或者效能的活动，其贯穿专利的创造、运用、保护、管理、服务、国际化全链条。专利运营本身是复杂的、相互关联和交叉的，本书从全链条的角度进行梳理，与读者分享专利运营的知识和经验。同时考虑本书属于系列丛书，且专利运营涉及面较广，为尽量避免与其他分册内容重复，本书主要围绕专利运营环节展开，其中创造型专利运营包括专利布局规划、专利布局成本、专利密集型产业，运用型专利运营包括专利转让、专利许可、专利质押、专利出资、专利证券化、专利信托、专利保险，保护型专利运营包括专利诉讼、专利尽职调查、NPE 风险防御、337 调查，管理型专利运营包括专利标准化、专利池、专利开放、技术许可办公室，服务型专利运营包括专利运营服务平台，国际化专利运营重点阐述国际化专利运营风险及新机遇。

本书通过上述的结构安排和设计，期待能够帮助读者形成清晰的思路，对专利运营有一个整体的了解和把握。希望本书能够为专利运营工作者提供一些借鉴和参考。

本书在编写的过程中，得到了国家知识产权局专利局专利审查协作广东中心各级领导的悉心指导和大力支持，在此致以最诚挚的谢意！由于编者水平有限，书中难免有疏漏或错误之处，恳请读者批评指正。

目　录

第一章

专利运营概述

第一节　专利运营的概念

一、专利运营的含义

知识产权在科学技术、文学艺术等领域中被普遍定义为发明者、创造者等对自己的创造性劳动成果依法享有的专有权，其范围包括专利、商标、著作权及相关权、集成电路布图设计、地理标志、植物新品种、商业秘密、传统知识、遗传资源以及民间文艺等。

依据《中华人民共和国专利法》（以下简称《专利法》）所称的发明创造是指发明、实用新型和外观设计。为了保护专利权人的合法权益，鼓励发明创造，推动发明创造的应用，《专利法》赋予专利权人专有权，即允许专利权人将专利技术私权化。一旦获得专利权并处于保护期限内，若没有得到专利权人的授权或许可，其他任何主体都不得擅自使用其专利技术，只有得到了权利人的授权许可，才能够合法使用。

从上述介绍不难看出，由于专利技术可私权化并进行转移，通过类似专利转移和利用等直接或衍生经营活动可获取或实现专利的经济价值。从某种角度来看，专利运营是通过对专利或专利申请进行运作经营，通过市场化的手段，促进专利技术的应用和转化，实现专利技术及经济价值或者效能的活动，其贯穿专利的创造、运用、保护、管理、服务、国际化全链条。

二、专利运营的考量因素

专利具有多重属性，例如资产属性、技术属性、制度属性、信息属性等。就专利实施而言，它多涉及的是技术层面，即实施的对象是专利技术，包括专利技术产品化、商品化、产业化等。就专利运用而言，其概念则较广泛，除专利技术的实施外，还包括专利转让、专利许可、专利质押、专利标准化、专利规则的运用等。这些属性在专利运营时都需要充分考量。另外，专利有其特殊法律属性，例如排他性、时间性、地域性等特性，在专利运营时也需要考虑。比如判断他人是否存在侵权行为，专利运营需要具备基本的调查取证、预估专利运营的成本和收益的能力。随着专利技术不断进步和发展，更好的专利技术出现或专利技术辐射的市场出现变化都会影响专利价值，如何在专利有限的保护期限内，将专利运营好、实现专利价值收益最大化考验着专利运营主体的智慧。同时，专利运营需要考虑在适合的国家和区域内进行，在没有获得专利权授权保护的国家或地区，专利信息会被作为公开的专业技术信息，供公众使用。因此，在专利具有跨区域价值时，布局时应考虑国际化运营，可以在有市场前景或价值实现的国家或地区进行专利布局和运营，尽可能将专利运营的价值扩大化。

专利运营需要将专利技术和市场运营相结合，涉及专业技术、法律知识和运营知识。专利运营的大致流程包括专利运营对象的选择、专利价值的评估、专利的进一步挖掘整合及商业化运作。专利运营的对象既可以包括有效已授权专利，也可以包括潜在有价值或有授权前景的专利；既可以包括单一专利，也可以包括组合专利；既可以包括单一国家或区域的专利，也可以包括多个国家或区域的专利；既可以包括单一技术节点的专利，也可以包括具有一定关联性的多技术、多领域专利集群。专利运营需要相对准确地评估专利的价值，以便在进行市场运营时作为参考。在某种程度上，专利运营可以被视为一种综合考虑各种信息和因素的商业运作活动。

专利运营主体一般包括需求主体和供应主体。需求主体主要考虑市场需求，供应主体包括创新主体、经营主体、投资主体、运营团队等。创新主体主要进行专利的技术挖掘，专利权的创造、申请、布局，是专利运营的基础；经营主体主要确定并执行相应商业运作，是专利运营的框架及流程设计者；投资主体主要确保专利运营过程中的资金来源和稳定性，是运营的资金保障；运营团队是执行方，是运营的核心。运营团队通常包括技术人员、专利人员、法务人员、管理人员、商务人员。技术人员具有研发创新能力，熟悉技术脉络，对产业技术发展有清晰的认识，能处理技术相关文件；专利人员熟悉专利相关法律法规，具有专利申请、布局、组合能力；法务人员熟悉技术标准、知识产权、市场运营等相关法律法规；管理人员负责专利运营实务的日程管理、决策工作；商务人员对接市场，具备商务谈判、产业实务、项目对接合作等经验。

第二节　专利运营的发展

一、专利运营的起源

1. 国外起源

19 世纪，英国成为第一次工业革命的发源地，以瓦特发明的蒸汽机为代表，大量的技术革新开始涌现，这些技术大部分被转化为专利得到了保护。专利运营自此开始发展，例如瓦特发明蒸汽机并取得专利后，吸引了博尔顿注资，双方一起扩大蒸汽机的生产共同盈利。但由于当时专利制度并非十分完善，除专利权人自我实施专利技术外，仅存在少量几种特定的运营方式，例如转让、许可、联合实施等。

随着第一次工业革命的发展，社会普遍认识到知识产权的激励作用能更好地促进科技经济发展。美国在开国宪法的第 1 条第 8 节就确立了保护知识产权的相关条款，被后人称作是“鼓励发明的建国精神”。美国前总统林肯的名言“专利制度就是给天才之火添加利益之油”，更是成为流芳百世的知识产权名言。① 1790 年，美国在通过精心论证后建立了专利制度，其制度与当时其他国家相比更加完善，促进了专利数量迅速增长。且由于专利保护力度较大，专利运营得以发展，19 世纪中叶，美国已出现专门从事专利运营的公司。美国的专利运营模式也一直被其他国家或地区借鉴和学习。

① 专利法研究所. 专利法研究［M］. 北京：知识产权出版社，1999：49.

日本在1885年建立了专利制度，1959年制定了现行的工业产权法。在专利制度的保护下，日本大量从国外引进先进技术，并在此基础上积极开发国内技术。成功的专利发展战略，使日本成为当今世界上专利拥有量较多的国家。实现了从“贸易立国”到“技术立国”，再到“知识产权立国”的战略升级，推动了日本经济的发展。① 日本的专利运营也逐渐走在世界前列，日本有许多专利交易平台，例如“特许厅官方交易平台”是官方最大的平台，该平台将大学、研发机构还没有使用的专利向社会开放，中小型研发企业在这个数据库里寻找是否有适合的专利，避免重复研发，此举极大地促进了专利运营的繁荣发展。

2. 国内起源

1882年，光绪皇帝批准了上海机器织布工艺的10年专利，该专利由早期民族资产阶级代表郑观应等人创建的上海机器织布局申请。该专利的获批，极大地促进了其他技术和工艺纷纷加入专利申请行列，一时形成了“兴专利而利百工”的新局面。虽然此次光绪皇帝“钦赐”专利在中国专利发展史上影响深远，但一直到20世纪90年代，我国专利运营活动才日趋频繁。

1992年，国家知识产权局与中央电视台共同举办“架金桥、觅知音、专利一条街”交易会。我国首次拍卖知识产权出现在杨凌农业高新科技成果博览会上。同时，我国也正式启动知识产权试点示范工作，增强区域创新能力和竞争力；启动“国家专利产业化工程”试点工作，推动建立专利产业化孵化促进机制和平台。这一时期，我国知识产权运营取得了一定的成效。例如，中国的朗科公司在2000年前后，成为中国第一个向国外收取专利费而获得盈利的公司，朗科对于自主知识产权的重视和保护为其带来了巨大的收益，这是专利运营的一个成功案例。但是，我国也存在一些对知识产权了解不深入而失败的案例。失败的经验和教训促使我国企业逐步认识到需要加强知识产权运营、发掘知识产权中蕴含的巨大商业价值，合理运用法律武器保护知识产权，凭借创新优势和知识产权制度的有效运用，才能在激烈的市场竞争中脱颖而出。

---

① 林炳辉. 知识产权文化与经济社会发展［M］. 北京：知识产权出版社，2007：103.

二、专利运营的发展

1. 国外发展阶段

根据国外专利运营的发展特点，从1945年第二次世界大战结束至今，国外专利运营大体可以划分为3个阶段。

（1）第一阶段：1945年至20世纪70年代。

第二次世界大战结束以后，世界各国都在开始探索科学技术在和平年代对国家的作用。以美国为例，时任美国科学研究发展局主任的万尼瓦尔·布什（Vannevar Bush）博士根据此前罗斯福总统的要求提交了一份名为《科学——没有止境的前沿》的报告，该报告后来被誉为“美国现代科技政策的奠基石”，其主要提出了动态“线性模型”，即通过线性序列促进基础研究向应用研究延伸，并利用从科学到技术的动力流将科学成果转化为实际应用。[①] 在此阶段，受第二次世界大战的影响，各国都强调基础研究对国家整体利益的重要性，专利技术多由政府掌控，极少向企业、个人转移，企业、个人没有权力对专利技术进行运营。因此，该阶段的专利技术转化效率很低，专利运营并不是十分活跃。

（2）第二阶段：20世纪80年代。

为激发国家创新活力，提升各阶层创新创造能力，20世纪80年代，发达国家相继制定和出台了一系列促进技术转移与转化的法律和政策。以美国为例，1980年推出了《史蒂文森-怀德勒技术创新法案》（*The Stevenson-Wydler Technology Innovation Act*），其将“技术转移”确定为美国联邦政府的一项职责，要求联邦实验室积极促进所有技术发明向政府机构转移；同年推出了《拜杜法案》（*Bayh Dole Act*），其允许小企业、大学或非营利机构获得发明的所有权，同时规定商业性组织可以获得政府所有或政府运营的实验室授予的独占性授权；1982年推出了《小企业创新发展法案》（*Small Business Innovation Development Act*），其创设小企业创新发展研究计

① 布什，等. 科学——没有止境的前沿［M］. 范岱年，解道华，等译. 北京：商务印书馆，2004：63-64.

划，要求联邦机构要对其任务相关小企业的科研提供资金支持；1984 年推出了《国家合作研究法》（*National Cooperative Research Act*），其通过建立合理机制评估合作研究的反垄断影响，鼓励企业在通用领域共同合作研发；同年也推出了《专利和商标说明法》（*Patent and Trademark Clarification Act*），其是对《拜杜法案》和《史蒂文森－怀德勒技术创新法案》的修订，大力推动专利对技术转移的支持；1986 年推出了《联邦技术转移法》（*The Federal Technology Transfer Act*），其允许联邦实验室通过“合作开发协议”与外界合作，合作双方可就实验室内的专利技术进行协商；1988 年推出的《综合贸易竞争法案》（*Omnibus Trade and Competitiveness Act*），其保护贸易和知识产权，促进政府和其他科研机构合作，促进技术转化和商业化；1989 年推出的《国家竞争力技术转移法》（*The National Competitiveness Technology Transfer Act*）、2000 年推出的《技术转移商业化法》（*The Technology Transfer Commercialization Act*）均衍生扩展了技术转移模式，增加保密性，更好地促进技术运用及商业化水平。①

参照美国，世界各国也相应颁布了促进专利运营转化的法律。这些法律的颁布，与《拜杜法案》类似，同样可以促使企业享有政府或科研机构的科研成果或专利权，从而产生了促进科研成果转化的强大动力。通过合理的制度安排，促进了政府、科研机构、企业三方合作，鼓励科研机构与企业合作进行科研成果转化，参与研究的人员也可以分享利益，由此加快了技术创新成果产业化的步伐。这实质上促进了多方参与专利运营活动，促进了专利运营的繁荣。

（3）第三阶段：20 世纪 90 年代。

进入 20 世纪 90 年代之后，世界各国专利运营呈现活跃之势，主要原因是专利数量的大幅增长为专利运营提供了良好的基础。

随着知识经济的深入发展，专利在市场竞争中的作用越来越重要。通过有效的运营来推动无形专利的有形化，成为实现专利价值的重要途径。近年来，随着互联网信息技术的发展，信息获取和交流更加便捷，专利运

---

① 吴卫红，董诚，彭洁，等．美国促进科技成果转化的制度体系解析［J］．科技管理研究，2015，35（14）：16－20.

营活动也更加活跃。专利交易从特定市场到运营中介，逐步发展为专业的运营平台，同时中介机构、投资机构的不断加入，推动了专利运营的蓬勃发展。专利运营的模式也更加丰富，从最初简单的专利许可，逐步发展出专利证券化、专利保险、专利诉讼、专利池、专利标准化等多种形式，专利运营正逐渐成为一个新兴产业。伴随着产业发展，也出现了一些非专利实施主体（Non-Practicing Entities，NPE），这些 NPE 本身并不制造专利技术产品，而是从其他专利权人手中收购专利的所有权或使用权，然后通过专利许可、专利诉讼等方式获取利润。

在经济全球化的大背景下，未来专利运营的发展将更加开放、多样、专业，专利运营必将迎来更加蓬勃的发展。

2. 国内发展阶段

根据我国专利运营的发展特点，从 1985 年至今，我国专利运营大体可以划分为两个大的阶段。

（1）第一阶段：1985 年至 2010 年。

1985 年 4 月 1 日，《专利法》正式施行，但由于我国专利申请刚刚起步，专利数量相对较少，专利运营的基础相对薄弱，专利运营还处于前期摸索阶段。1996 年，《中华人民共和国促进科技成果转化法》（以下简称《促进科技成果转化法》）出台，其中提到鼓励科技成果持有者可以采用自行实施、向他人转让、许可他人使用、与他人共同实施或作价投资等方式进行科技成果转化。此时，专利转让、专利许可等专利运营方式逐渐兴起。2008 年，《国家知识产权战略纲要》提出了“激励创造、有效运用、依法保护、科学管理”的方针，其中提到对知识产权的运用是指实现知识产权价值的各种具体方式，包括专利转让、许可、质押等。

可以看出，1985 年至 2010 年，我国专利运营模式主要为偏向传统的运用模式，包括专利转让、专利许可、专利质押等。

（2）第二阶段：2011 年至今。

2011 年被业界称为“专利运营元年”，专利运营这一概念被提出，成为业界普遍认为的专利运营工作兴起的一个起点。随着国家知识产权战略的深入实施，专利数量和质量都得到了快速提升，为开展专利运营奠定了基础。国家知识产权局制定出台了《国家知识产权示范企业培育工作方案》和《国家知识产权优势企业培育工作方案》，把专利运营作为企业探索实践的重要内容。《国务院关于新形势下加快知识产权强国建设的若干意见》提出“加快建设全国知识产权运营公共服务平台”，为专利运营活动提供了大力支持。

自2012年后，国家创新驱动发展战略实施，知识产权强国建设启动，进一步强化了《专利法》的专利保护功能，专利运营、专利资本化的概念逐步普及。政府出台了一系列政策支持专利运营，扶持专利标准化、专利质押贷款、专利证券化运营以及专利价值评估、专利保险等中间服务；鼓励构建专利联盟，确立了一批专利运营试点企业和支持企业，在全国构建“1+2+20+N”的运营服务体系，一批专利运营基金先后成立。

2014年，财政部、国家知识产权局共同启动了以市场化方式促进知识产权运营服务试点工作。通过集成政策、整合资源、创新机制，搭建知识产权运营公共服务平台，培育一批具有较强国际化经营能力的知识产权运营机构，引导设立重点产业知识产权运营基金和知识产权质押融资风险补偿基金等，着力构建“平台+机构+资本+产业”的知识产权运营体系，面向国家战略产业和区域优势产业，积极探索产业知识产权运营的商业模式，依托知识产权联盟等主体，培育和运营高价值专利，加强国际市场专利布局，推动专利与标准融合，支撑我国企业“走出去”，向产业高端发展。①

近几年来，国家知识产权局认真落实中央部署，不断推进知识产权运营服务体系建设布局，扎实做好业务指导和绩效管理。最新数据显示，“十三五”期间，我国专利转让、许可、质押等专利运营的总次数达到138.6万次，专利质押融资金额达到4705亿元，知识产权运营服务体系建设重点城市达到37个，对全国专利运营工作发展的带动作用明显增强。

可以看出，自2011年以来，我国专利运营体系正逐步完善，企业、创新主体或运营机构可以根据自身的战略目标和功能定位来采取合适的运营模式。

---

① 周胜生，高可，饶刚，等. 专利运营之道［M］. 北京：知识产权出版社，2016：12.

第三节　专利运营产生的背景

专利运营需要有合适的政策支持和社会环境支撑，我国专利运营的发展与新时代中国特色社会主义的发展密切相关。

一、政策背景

1. *政府政策*

近年来，专利运营相关内容多次出现在政府政策文件中，越来越多地受到我国科技、经济等重大政策的关注和扶持。

在政策层面，政府出台了一系列促进科技创新、科技成果转化的制度。例如，2012 年，《国务院办公厅转发知识产权局等部门关于加强战略性新兴产业知识产权工作若干意见的通知》提出：推动知识产权转化运用，推动战略性新兴产业实现知识产权价值；拓展知识产权投融资方式；完善知识产权投融资政策，支持知识产权质押、出资入股、融资担保；探索与知识产权相关的股权债权融资方式，支持社会资本通过市场化方式设立以知识产权投资基金、集合信托基金、融资担保基金等为基础的投融资平台和工具。该政策鼓励专利质押、出资入股、融资等方式，促进通过专利运营将专利技术“变现”。

2012 年 9 月，中共中央、国务院印发的《关于深化科技体制改革加快国家创新体系建设的意见》提出：促进科技和金融结合，创新金融服务科技的方式和途径；综合运用买方信贷、卖方信贷、融资租赁等金融工具，引导银行等金融机构加大对科技型中小企业的信贷支持；推广知识产权和股权质押贷款。积极开发适合科技创新的保险产品，加快培育和完善科技保险市场。

2014 年 7 月，国家知识产权局、教育部、科技部、工业和信息化部、国务院国资委、国家工商总局、国家版权局、中科院 8 部门联合印发的

《关于深入实施国家知识产权战略加强和改进知识产权管理的若干意见》提出：综合运用政策手段支持知识产权创造运用；运用财政、税收、金融等政策引导市场主体创造和运用知识产权；鼓励金融机构继续创新开发专利许可证券化、专利保险试点等新型金融产品和服务，对开展知识产权质押贷款业务的金融机构提供金融支持，通过国家科技成果转化引导基金对科技成果转化贷款给予风险补偿，促进知识产权成果产业化。这些政策主要鼓励银行对专利产品提供资金支持，加快专利许可证券化、专利保险等新型金融产品投入市场。

2014 年 12 月，国务院办公厅转发的《深入实施国家知识产权战略行动计划（2014—2020 年）》提出：促进知识产权创造运用，支撑产业转型升级；推动知识产权密集型产业发展；加强专利协同运用，推动专利联盟建设，建立具有产业特色的全国专利运营与产业化服务平台；完善企业主导、多方参与的专利协同运用体系，形成资源集聚、流转活跃的专利交易市场体系，促进专利运营业态健康发展。该政策促进了专利交易市场体系、专利运营平台的建设，为专利运营的信息对接和交易提供了便利。

2015 年 5 月国务院印发的《中国制造 2025》提出：强化知识产权运用；加强制造业重点领域关键核心技术知识产权储备，构建产业化导向的专利组合和战略布局；鼓励和支持企业运用知识产权参与市场竞争，培育一批具备知识产权综合实力的优势企业，支持组建知识产权联盟，推动市场主体开展知识产权协同运用；建立健全知识产权评议机制，构建知识产权综合运用公共服务平台，鼓励开展跨国知识产权许可。该政策鼓励和支持行业骨干企业与专业机构在重点领域合作开展专利评估、收购、运营、风险预警与应对。

2015 年 12 月，国务院发布《关于新形势下加快知识产权强国建设的若干意见》提出：促进知识产权创造运用，推动专利许可制度改革，加强知识产权交易平台建设。构建知识产权运营服务体系，加快建设全国知识产权运营公共服务平台。创新知识产权投融资产品，探索知识产权证券化，完善知识产权信用担保机制，推动发展投贷联动、投保联动、投债联动等新模式。培育知识产权密集型产业，探索制定知识产权密集型产业目录和发展规划。运用股权投资基金等市场化方式，引导社会资金投入知识产权密集型产业。加大政府采购对知识产权密集型产品的支持力度。该政策从源头上鼓励专利创造，也从完善运营方式、促进运营服务平台建设方面为专利运营提供支持和保障，同时大力支持专利密集型产业发展。

2016 年 12 月，国务院印发的《“十三五”国家战略性新兴产业发展规划》提出：大力推行知识产权标准化管理，实施知识产权行业布局和区域布局工程，构建知识产权运营服务体系，鼓励创新知识产权金融产品，鼓励企业综合运用专利等知识产权手段打造自有品牌，实施战略性新兴产业知识产权战略推进计划，加强战略性新兴产业专利分析及动向监测，建立重大经济科技活动知识产权分析评议制度，完善海外知识产权服务体系等。该政策大力推行专利标准化等管理，同时完善海外专利运营服务体系。

2019 年 2 月，中共中央、国务院印发的《粤港澳大湾区发展规划纲要》提出：强化知识产权保护和运用；依托粤港、粤澳及泛珠三角区域知识产权合作机制，全面加强粤港澳大湾区在知识产权保护、专业人才培养等领域的合作；加强在知识产权创造、运用、保护和贸易方面的国际合作，建立完善知识产权案件跨境协作机制；发挥知识产权服务业集聚发展区的辐射作用，促进高端知识产权服务与区域产业融合发展，推动通过非诉讼争议解决方式（包括仲裁、调解、协商等）处理知识产权纠纷；不断丰富、发展和完善有利于激励创新的知识产权保护制度。建立大湾区知识产权信息交换机制和信息共享平台；开展知识产权证券化试点。该政策加强在专利创造、运用、保护和贸易方面的国际合作，同时鼓励开展专利证券化的试点。

2019 年 5 月，《财政部办公厅 国家知识产权局办公室关于开展 2019 年知识产权运营服务体系建设工作的通知》提出：加快构建知识产权运营服务体系，充分释放知识产权综合运用效应，促进经济创新力和竞争力不断提高，服务高质量发展。2019 年，财政部、国家知识产权局继续在全国选择若干创新资源集聚度高、辐射带动作用强、知识产权支撑区域发展需求迫切的重点城市（含直辖市所属区、县），支持开展知识产权运营服务体系建设。绩效目标为：试点城市知识产权服务业发展水平显著提升，服务产业发展能力显著提升；建设知识产权运营服务集聚区，培育 5 家以上专业化、年主营业务收入1000万元以上的知识产权运营机构，年营业收入增幅高于当地平均水平；开展产业规划类专利导航项目10个以上、企业运营类专利导航项目30个以上。该政策推动了专利运营服务体系的完善和建设，促进了行政化专利运营服务平台和市场化专利运营服务平台的蓬勃发展。

构建完善的专利运营政策体系对于我国专利运营具有重大意义。政府作为构建我国专利运营体系的主导力量，通过政策引导和调控，有效扶持专利运营发展，形成有利于专利运营产业发展的政策环境，引导和规范专利运营市场行为。从2020年9月公布的《2019年中国知识产权发展状况评价报告》来看，我国知识产权战略实施成效显著，知识产权“全链条”发展水平大幅提升，其中我国知识产权运用水平持续提升，2010年至2019年我国知识产权运用指数呈平稳增长趋势，年均增长率为9.9%。其中，2018年较上年大幅增长28.5%，2019年运用指数为234.0，与上年的234.8基本持平。

我国知识产权运用水平的显著提升与近年来我国采取的建机制、搭平台、促产业等多项措施打通知识产权创造、运用、保护、管理、服务和国际化全链条密切相关。以上政策促使我国专利运营能力不断加强、运营效益也呈快速增长趋势。这一系列政策的发布，不仅为专利运营的发展明确了方向，也为其发展提供了有力的保障和支持。

2. 财税政策

财税政策的导向通常会对专利运营的发展方向产生较大的影响。良好的财税政策体系，有利于促进专利运营的市场行为，主要起到降低交易成本、提高专利运营效率、激励创新主体的作用。目前，我国涉及专利运营的主要财税优惠政策体现在多个方面。

例如，对于高新技术企业实行税收减免。根据《中华人民共和国企业所得税法》（以下简称《企业所得税法》）第二十八条规定，国家需要重点扶持的高新技术企业，减按15%的税率征收企业所得税。《中华人民共和国企业所得税法实施条例》（以下简称《企业所得税法实施条例》）第九十三条规定，《企业所得税法》第二十八条第二款所称国家需要重点扶持的高新技术企业，是指拥有核心自主知识产权，并同时符合下列条件的企业：（1）产品（服务）属于《国家重点支持的高新技术领域》规定的范围；（2）研究开发费用占销售收入的比例不低于规定比例；（3）高新技术产品（服务）收入占企业总收入的比例不低于规定比例；（4）科技人员占企业职工总数的比例不低于规定比例；（5）高新技术企业认定管理办法规定的其他条件。《国家重点支持的高新技术领域》和《高新技术企业认定管理办法》由国务院科技、财政、税务主管部门商国务院有关部门制定，报国务院批准后公布施行。

《高新技术企业认定管理办法》（以下简称《认定办法》）第十一条规定：

认定为高新技术企业须同时满足以下条件：

（一）企业申请认定时须注册成立一年以上；

（二）企业通过自主研发、受让、受赠、并购等方式，获得对其主要产品（服务）在技术上发挥核心支持作用的知识产权的所有权；

（三）对企业主要产品（服务）发挥核心支持作用的技术属于《国家重点支持的高新技术领域》规定的范围；

（四）企业从事研发和相关技术创新活动的科技人员占企业当年职工总数的比例不低于10%；

（五）企业近三个会计年度（实际经营期不满三年的按实际经营时间计算，下同）的研究开发费用总额占同期销售收入总额的比例符合如下要求：

1. 最近一年销售收入小于5000万元（含）的企业，比例不低于5%；

2. 最近一年销售收入在5000万元至2亿元（含）的企业，比例不低于4%；

3. 最近一年销售收入在2亿元以上的企业，比例不低于3%；

其中，企业在中国境内发生的研究开发费用总额占全部研究开发费用总额的比例不低于60%；

（六）近一年高新技术产品（服务）收入占企业同期总收入的比例不低于60%；

（七）企业创新能力评价应达到相应要求；

（八）企业申请认定前一年内未发生重大安全、重大质量事故或严重环境违法行为。

《认定办法》一是调整了“研发费用占销售收入比例”指标，将小企业的研发费占比由6%调整为5%，大中型企业仍分别采用3%、4%的要求不变，此举体现了国家对中小企业的倾斜扶持，使更多中小企业享受到高新技术企业政策优惠。二是调整了“科技人员占比”指标，将现行的“具有大学专科以上学历的科技人员占企业当年职工总数的30%以上，其中研发人员占企业当年职工总数的10%以上”，调整为“企业从事研发和相关技术创新活动的科技人员占企业当年职工总数的比例不低于10%”，主要是考虑目前研发外包、开放式众包等渐成趋势，企业越来越依靠外部力量开展研发活动，这一修改将更加适应企业研发创新的发展需求。三是调整了对知识产权的要求，取消了“近三年内”获得知识产权的限制，以及“5年以上独占许可”获得知识产权的方式，主要是为了鼓励企业自主研发，避免知识产权滥用。此外，企业仍然可通过技术转让等方式获得知识产权，有利于更好地落实新修订的《促进科技成果转化法》。四是优化和简化认定管理流程。将公示时间由15个工作日改为10个工作日；企业更名不再报领导小组办公室备案；将各地评审专家的备案管理下放给地方认定机构。五是加强检查和监管。2016年修订的《认定办法》的第四章“罚则”改为“监督管理”，明确了采用备案与跟踪监管、随机抽查与重点检查相结合的方式加强检查，视不同情况对认定机构、申报企业、中介机构及评审专家提出了责任要求。六是吸纳中关村国家自主创新示范区高企认定管理试点政策相关内容，将“国家新药、国家一级中药保护品种、经审定的国家级农作物品种、国防专利”纳入知识产权内容；新增加涉密企业认定条款；将试点中涉及文化产业的支撑技术全部纳入国家重点支持的高新技术领域。七是增加异地搬迁企业资质互认内容。为促进区域间产业转移和协调发展，新《认定办法》增加了对异地搬迁企业资质互认的内容，明确认定机构所在区域整体迁移的企业，其原有的高新技术企业资格继续有效。

对于技术转让所得税减免，根据《企业所得税法》第二十七条第（四）项规定，符合条件的技术转让所得可以免征、减征企业所得税。根据《企业所得税法实施条例》第九十条的规定：“企业所得税法第二十七条第（四）项所称符合条件的技术转让所得免征、减征企业所得税，是指一个纳税年度内，居民企业技术转让所得不超过500万元的部分，免征企业所得税；超过500万元的部分，减半征收企业所得税。”

对于研发费用加计扣除，根据《企业所得税法》第三十条第（一）项规定，企业为开发新技术、新产品、新工艺发生的研究开发费用，可以在计算应纳税所得额时加计扣除。根据《企业所得税法实施条例》第九十五条规定：“企业所得税法第三十条第（一）项所称研究开发费用的加计扣除，是指企业为开发新技术、新产品、新工艺发生的研究开发费用，未形成无形资产计入当期损益的，在按照规定据实扣除的基础上，按照研究开发费用的50%加计扣除；形成无形资产的，按照无形资产成本的150%摊销。”对照规定，用于研发活动形成的专利权可按照无形资产成本的150%摊销。

对于“四技收入”增值税减免。《财政部 国家税务总局关于贯彻落实〈中共中央 国务院关于加强技术创新，发展高科技，实现产业化的决定〉有关税收问题的通知》规定：对单位和个人（包括外商投资企业、外商投资设立的研究开发中心、外国企业和外籍个人）从事技术转让、技术开发业务和与之相关的技术咨询、技术服务业务取得的收入（以下简称四技收入），免征营业税。技术转让是指转让者将其拥有的专利和非专利技术的所有权或使用权有偿转让他人的行为。技术开发是指开发者接受他人委托，就新技术、新产品、新工艺或者新材料及其系统进行研究开发的行为。技术咨询是指就特定技术项目提供可行性论证、技术预测、专题技术调查、分析评价报告等。与技术转让、技术开发相关的技术咨询、技术服务业务是指转让方（或受托方）根据技术转让或开发合同的规定，为帮助受让方（或委托方）掌握所转让（或委托开发）的技术而提供的技术咨询、技术服务业务。这部分技术咨询、服务的价款与技术转让（或开发）的价款是开在同一张发票上的。

促进我国专利运营发展的财税优惠政策主要体现在减免企业税收，鼓励专业运营行为，激励专利运营主体参与自主研发、并购、技术转让等各类专利运营活动。

3. 产业政策

专利运营的产业发展政策能更好地促进专利运营与实体产业的融合，

以实体产业需求为导向指引专利运营发展，并为专利运营市场化运作指明前进的方向。专利导航试点工程，就是以专利信息资源利用和专利分析为基础，把专利运用嵌入产业技术创新、产品创新、组织创新和商业模式创新，引导和支撑产业科学发展的探索性工作。其主要目的是探索建立专利信息分析与产业运行决策深度融合、专利创造与产业创新能力高度匹配、专利布局对产业竞争地位保障有力、专利价值实现对产业运行效益有效支撑的工作机制，推动重点产业的专利协同运用，培育形成专利导航产业发展新模式。专利导航为产业决策提供新路径，通过专利技术信息分析为产业发展指明方向。①

2013 年 4 月，国家知识产权局印发《国家知识产权局关于实施专利导航试点工程的通知》，标志着专利导航试点工程正式启动。随后，国家知识产权局陆续出台了《国家知识产权局关于确定国家专利导航产业发展实验区、国家专利协同运用试点单位、国家专利运营试点企业的通知》《国家知识产权局办公室关于组织申报国家专利导航产业发展实验区的通知》《国家知识产权局办公室关于组织申报国家专利协同运用试点单位的通知》《关于确定新一批国家专利导航产业发展实验区、国家专利协同运用试点单位、国家专利运营试点企业的通知》等文件，为专利导航试点工程的推进奠定了政策基础。

为推动专利导航试点工程深入开展，国家知识产权局印发了《国家专利导航产业发展实验区建设工作指引》《国家专利协同运用试点单位培育工作指引》和《国家专利运营试点企业培育工作指引》，编发了《专利导航试点工程工作手册（第一版）》，这使得专利导航试点工程有关工作的开展有了政策依据。

专利导航试点工程是实施创新驱动发展战略的重要举措。加快推进专利导航试点工程实施，对于提升我国自主创新能力，推进我国从知识产权大国向知识产权强国转变，推动经济实现创新驱动发展具有迫切的现实意义。构建我国专利运营政策体系需要立足明晰产权归属、降低交易成本、

---

① 中国循环经济协会，国家知识产权局专利局专利审查协作广东中心．废弃电器电子产品处理产业专利导航研究报告［M］．北京：知识产权出版社，2018：190.

释放产权活力、严格产权保护的政策维度，分别建立以财政资助专利标识制度、企业专利资产管理制度为核心的创新管理政策体系，以激活专利运营服务、扶持专利运营机构发展为核心的财税激励政策体系，以专利导航产业发展机制、市场化方式开展专利运营试点、产业知识产权运营基金为核心的产业发展政策。①

专利导航产业发展机制为专利运营的顺利开展奠定了良好的产业政策基础。

二、社会背景

近年来，我国专利申请量快速增长，各创新主体在专利上的投入不断增加。要想尽快地发挥专利的无形资产价值，较快捷的方式是采取专利运营。尽管我国专利转让、许可、质押等运营活动显著增加，但是相对于专利申请数量来说，实现专利运营的专利数量明显偏少，整体专利运营率不高。面对庞大的市场需求，应充分发挥好专利的价值，加强专利的运营。

在知识产权链条中，创造是源头，保护是核心，运用是目的，管理是关键。为了进一步盘活用好知识产权资产，加速知识产权价值实现，提高知识产权运用综合效益，自 2014 年以来，国家知识产权局会同财政部以市场化方式开展知识产权运营服务试点，确定在北京建设全国知识产权运营公共服务平台，在西安、珠海建设两大特色试点平台，并通过股权投资重点扶持 20 家知识产权运营机构，进而示范带动全国知识产权运营服务机构快速发展，初步形成了“1 +2 +20 + N”的知识产权运营服务体系。以上举措使知识产权运营日趋活跃，为专利的转移转化、交易流转、质押融资等提供了有力支撑。②

我国专利运营的政策环境和市场环境在不断完善，专利运营条件日趋成熟。

---

① 申长雨. 迈向知识产权强国之路：知识产权强国建设实施问题研究［M］. 北京：知识产权出版社，2017：394.

② 王康. 运营平台：提升产业发展效益［N］. 中国知识产权报，2017 - 11 - 29［2019 - 12 - 30］. https：//www. cnipa. gov. cn/art/2017/11/29/art_398_110714. html.

1. 经济背景

知识产权运营有利于促进知识产权与经济社会发展融合，是实现知识产权市场价值的重要环节。

“十三五”期间，我国专利转让、许可、质押等专利运营的总次数达到 138.6 万次，是“十二五”期间的 2.5 倍，年均增速达到 23.7%，超过“十二五”期间平均增幅 9 个百分点；专利质押融资金额达到 4705 亿元，是“十二五”期间的 3.1 倍。2020 年专利运营次数达到 40.5 万次，专利质押融资金额达到 1558 亿元，均是“十二五”末期的 2.8 倍。

“十三五”期间，我国发明专利运营达到 78.5 万次，比“十二五”期间增加 51.1 万次，占全部专利运营活动的比重达到 56.7%。特别是 2020 年，发明专利的运营活动占比达到 59.9%，含金量较高的发明专利得到了更多专利运营的机会，更受市场的青睐。同时，战略性新兴产业专利运营达到 30.5 万次，比“十二五”期间增加 16.1 万次，增幅达到 112%。

“十三五”期间，高校、科研院所转让、许可专利 7.6 万次，是“十二五”期间的 2.5 倍，越来越多的高校、科研院所将沉睡的专利转向实际应用。“十三五”期间，我国中部和西部地区专利运营次数合计达到 30 万次，是“十二五”期间的 3.2 倍，年均增速达到 33.6%，超过“十三五”期间全国平均增速近 10 个百分点，中部和西部地区的专利运营工作越来越成熟。

截至 2020 年年底，知识产权运营服务体系建设重点城市达到 37 个。自 2017 年以来，4 批 37 个重点城市开展了知识产权运营服务体系建设。这些重点城市的创新主体共开展 40.7 万次专利运营活动，获得 1680.9 亿元专利质押融资。2020 年，37 个重点城市专利运营次数达到 18.8 万次，专利质押金额达到 808.9 亿元，分别占全国的 46.4% 和 51.9%；专利运营次数同比增加 39.5%，高于全国平均增速 7.5 个百分点；专利质押融资金额同比增加 54.3%，高于全国平均增速 13.3 个百分点，示范引领作用得到很好的发挥。

2. 文化背景

在知识经济时代，专利运营的发展离不开社会文化环境的孕育和影响，一个国家或地区国民的知识产权意识、文化教育程度、价值观念、运营理念水平等文化环境构成了专利运营的文化基础。

《2013 年国家知识产权战略实施推进计划》中指出，要加强知识产权文化建设，加强知识产权宣传普及、人才培养、学科教育工作，营造尊重知识、崇尚创新、诚信守法的知识产权文化氛围；加强知识产权对文化产业的支持力度，支持新闻出版、广播影视、文学艺术等重要领域的知识产权集成与发展，促进文化产业快速繁荣发展。

近年来，全国各地知识产权相关部门多措并举，积极作为，大力宣传关于实施知识产权战略、加强知识产权保护的重大决策部署，充分宣传知识产权工作进展成效；组织开展知识产权宣传周等各项宣传活动；在义务教育课程标准教材修订中强化知识产权教育内容，在高中思想政治教材修订中充实有关知识产权教育的内容，鼓励引导高校加强知识产权专业建设，开设知识产权相关领域的辅修课程，开展知识产权普及教育；指导法律人才教育培养相关基地继续加强高素质知识产权专业人才培养工作，加强知识产权人才培养基地的建设；做好打击侵犯知识产权和制售假冒伪劣商品工作的宣传报道，公开曝光一批被查处的知识产权侵权案例，强化针对知识产权的法制宣传和诚信宣传；大力实施广播影视精品工程，扶持内容创作生产，提高影视剧、动画片、纪录片的原创能力，发展广播影视新兴业态，增强多元化供给能力。

根据《2019 年中国知识产权发展状况评价报告》，我国知识产权环境水平不断优化，各地知识产权环境意识普遍提升。知识产权环境指数自 2010 年以来连续提高，尤其在 2013 年和 2017 年有较明显的增长幅度，年均增长率为 12. 9%，2019 年知识产权环境指数达到 297. 4，较 2018 年增加 26. 1，我国知识产权环境建设取得明显进步，各地区制度和环境得到进一步完善和优化。知识产权文化环境的不断优化，有力地促进了专利运营的稳定发展。

3. 人才背景

专利运营的顺利实施必须依靠专利运营人才，专利运营人才需要具有一定的专利运营相关专业知识和实践能力，能够推动专利的创造、运用、保护、管理、服务、国际化顺利进行。专利运营人才环境是专利运营顺利发展的重要环境。

《国家知识产权局贯彻落实〈知识产权人才“十三五”规划〉行动计划》提出，要整合优质培训资源，创新人才培养方式，优化人才培养内容；推进建设一支政策法规熟悉、服务能力较强、信息利用熟练、运营水平较高的知识产权服务人才队伍。对于知识产权运营人才，发挥市场主导作用，大力培育知识产权运营机构，持续开展知识产权评估、交易许可、标准化等知识产权运用业务以及知识产权保险、质押融资、作价入股等知识产权金融和资本化的业务培训，培养一批具有发展潜力、可以带领团队完成重大项目运作的知识产权运营人才队伍。组建知识产权运营导师团，指导运营人才开展知识产权运营平台建设等项目实践。培养遴选200名左右熟悉知识产权运营实务、带领团队独立完成重大项目运作的知识产权运营人才。在人才选拔政策方面，加强人才选拔工作创新，完善知识产权领军人才、专家、百名青年拔尖人才的选拔标准。依托海外高层次人才引进计划引进知识产权运营、管理等各类急需紧缺人才。建立人才引进使用中的知识产权鉴定机制，有效利用知识产权信息发现创新人才。在人才评价政策方面，完善专利审查、代理、管理和信息分析等知识产权人才能力素质标准，研究专利审查人才纳入专业技术类公务员管理，鼓励我国知识产权人才获得海外相应资格证书，积极推动建立和完善全国知识产权职业水平评价制度。在人才流动政策方面，鼓励各地引进高端知识产权人才，并参照有关人才引进计划给予相关待遇。推动知识产权人才跨地区、跨部门交流，探索建立国际组织、政府部门、国有企业、高等学校和科研机构间人才“旋转门”。完善人才到基层服务和锻炼的政策制度。引导人才向中西部地区和中小微企业等地区和单位流动。在人才激励政策方面，完善以政府奖励为导向、用人单位和社会力量奖励为主体的人才奖励制度。坚持多措并举，综合运用评选表彰全国专利系统先进、教育培训、薪酬福利等多种措施，表彰和表扬在知识产权工作中做出突出贡献的人才。探索建立创新人才维权援助机制，激发全社会创新热情。

可以看出，知识产权行业人才政策更加完善和健全，为专利运营提供了有力的人才资源保障。

4. 平台背景

专利是一种重要的战略性资源，具有较高的潜在价值。但是沉睡的专利权不仅不会带来价值，还会因为逐年递增的专利年费给专利权人带来一定的负担。专利产生价值的来源在于专利的流通和运营，而专利的流通和运营通常需要借助一定的平台才能完成。①

国家知识产权局关于印发《推动知识产权高质量发展年度工作指引(2019)》的通知中提出，扎实做好各类知识产权运营平台建设布局，继续支持重点城市开展知识产权运营服务体系建设。专利运营平台的主要作用是为专利供需双方提供供需信息发布、支付结算、交易评价等相关中介服务，促进专利供需双方更有效的沟通，有利于专利交易、许可等运营行为的达成。专利运营平台从事运营活动应遵循自愿、平等、公平、诚实信用原则，促进专利技术有效利用和价值实现，促进技术创新和经济发展。

专利运营平台类似于商品交易平台，既包括线下交易平台，也包括线上交易平台。目前随着互联网和手机通信技术的发展，线上交易平台凭借信息更新快、传播快、匹配快而得到了很好的发展。我国现有的专利运营平台大体上分成两类：第一类为政府主导类的行政化运营平台，侧重于推动产业整体发展；第二类为市场类运营平台，侧重于企业、特定行业盈利或推动技术成果转移交易。为了进一步盘活用好知识产权资产，加速知识产权价值实现，提高知识产权运用综合效益，我国已初步形成“平台+机构+资本+产业”四位一体的知识产权运营服务体系，为更好实现专利运营提供支撑和保障。

5. 法律背景

法律是专利制度的法制保障，对专利申请、授权、保护起着至关重要的作用。专利运营是建立在专利制度基础之上的经济活动，因此也离不开合适的法律环境。

《专利法》是专利保护的依据和基础，而有效的专利保护则是专利运营可持续的基础条件之一。第四次《专利法》修改从专利立法层面促进专利的实施和运用。例如，新修改的《专利法》第六条新增“该单位可以依法处置其职务发明创造申请专利的权利和专利权，促进相关发明创造的实施和运用”。国家正在完善职务发明制度，鼓励被授予专利权的单位实行

① 刘海波，吕旭宁，张亚峰. 专利运营论［M］. 北京：知识产权出版社，2017：82.

产权激励，采取股权、期权、分红等方式，使发明人或者设计人合理分享创新收益。为解决国家设立的研究机构、高等院校专利技术转化率低的问题，专利权人可自愿实行开放许可，任何单位或者个人有意愿实施开放许可的专利的，以书面方式通知专利权人，并依照公告的许可使用费支付方式、按标准支付许可使用费后，即获得专利实施许可。我国目前实行更加严格的保护制度，对故意侵犯专利权情节严重的，可以在确定数额的一倍以上五倍以下确定赔偿数额。权利人的损失、侵权人获得的利益和专利许可使用费均难以确定的，人民法院可以根据专利权的类型、侵权行为的性质和情节等因素，确定给予三万元以上五百万元以下的赔偿。

除《专利法》以外，专利运营作为一种涉及面广泛的市场运营活动，许多相关法律法规都对专利运营起着保护和约束作用。例如，关于专利转化，《促进科技成果转化法》专门为促进科技成果转化为现实生产力、规范科技成果转化活动、加速科学技术进步、推动经济建设和社会发展而制定。2015 年 8 月 29 日，第十二届全国人民代表大会常务委员会第十六次会议通过了《关于修改〈中华人民共和国促进科技成果转化法〉的决定》。此次修改明确将科技成果处置权下放给科研单位，并规定对完成、转化职务科技成果做出重要贡献的人员应给予不低于收益的百分之五十的奖励和报酬。

关于专利质押，《中华人民共和国民法典》第四百四十条明确了下列权利可以出质：可以转让的注册商标专用权、专利权、著作权等知识产权中的财产权。

关于专利作价投资，《中华人民共和国公司法》（以下简称《公司法》）第二十七条规定了出资方式，股东可以用货币出资，也可以用实物、知识产权、土地使用权等可以用货币估价并可以依法转让的非货币财产作价出资；但是，法律、行政法规规定不得作为出资的财产除外。对作为出资的非货币财产应当评估作价，核实财产，不得高估或者低估作价。法律、行政法规对评估作价有规定的，从其规定。

关于资产证券化和专利信托，《中华人民共和国证券法》规范了证券发行和交易行为的，《中华人民共和国信托法》规范了相关的信托行为。专利运营的供需主体如果涉及公司或企业，则还会受《公司法》《中华人民共和国合伙企业法》《中华人民共和国个人独资企业法》等法律的规范和约束，当专利运营需要签订一定的合同来明确主体责任和义务时，则还受《中华人民共和国民法典》的保护。

以上相关的法律为专利运营的顺利开展提供了法理支撑和法律保障，极大地促进了专利运营的健康发展。

第四节　专利运营的主要作用

专利运营的主要作用在于促进专利转化，实现专利价值的最大化。

从宏观上来看，专利运营可以促进企业整合资源，利用专利占据产业价值链高端和控制价值分配，主导产业发展走向和产业分工，影响和决定产业供应组成和网络结构。从微观上来看，主要可以推动技术创新、扩充资金渠道和提高竞争实力。

一、推动技术创新

一方面，通过专利运营可推动技术自主创新。由于专利运营能为专利权人带来巨大收益，既可以提高创新人员的物质收入和积极性，也可以为创新主体提供充分的研发资金保障，从而推动技术不断创新。

另一方面，通过专利运营可以促进技术合作与创新。随着技术的不断更迭和进步，技术变得越来越多样化和复杂化，难度也越来越大，开发新技术所需的研发资金也大量增加，而面对新的竞争对手不断发起挑战、产品生命周期正在缩短等严峻形势，企业如何利用更少的资源实现更多的目标、分担越来越高的经营风险，成为越来越值得企业经营者关注的重要问题。

因此，通过专利运营搭建企业之间合作的桥梁，以分担风险或获取所需技术，累积技术储备和专利数量，已成为不可阻挡的趋势。①

二、扩充资金渠道

在知识经济时代，技术资本可以转化为资金，通过专利运营可实现技术的资产价值。例如，可以通过专利许可、专利转让、专利诉讼等方式直接获取现金流；可以通过专利质押、专利证券化等形式进行融资；可以通过专利出资入股获得收益；可以通过专利信托向社会吸引资金；可以通过专利证券化的形式来利用专利的未来收益发行证券，充分扩充专利的资金渠道。

例如，2011 年摩托罗拉公司向谷歌公司转让 1.5 万余件专利，获得 125 亿美元；2012 年美国在线公司向微软公司转让 800 余件专利，获得 10 亿美元；2014 年美国专利授权公司向联想集团转让 21 项专利组合和 2500 余件美国专利使用权，获得 21 亿美元。当专利技术持有人获得资金后，既可以用于继续研发改进技术，也可以用于扩大经营生产规模，从而更好地促进企业运营，充分实现专利的价值。

三、提高竞争实力

竞争实力往往指企业的核心竞争力，是竞争对手难以模仿、难以取代的，能为企业带来巨大价值，是企业把控的核心资源和能力。专利权的独占性和排他性使专利权人在某种程度上拥有了法律赋予的垄断地位，专利权人可以利用专利达到限制竞争对手和获得市场主导权的地位。专利已成为企业的核心资源，是提升竞争实力的重要途径。

专利的市场准入门槛无疑给专利权人带来梦寐以求的竞争优势。② 在某种程度上，专利已成为企业发展的重要战略资源。对于公司或企业而

---

① 张乃根，陈乃蔚．技术转移、后续研发与专利纠纷解决［M］．上海：上海交通大学出版社，2009：3.

② 刘海波，吕旭宁，张亚峰．专利运营论［M］．北京：知识产权出版社，2017：43.

言，专利可以帮助应用该专利技术的产品设置隐形障碍。其他公司或企业希望生产相同的产品或使用相同的技术产品，必须从公司或企业获得专利许可或授权。

第五节　专利运营的重要参考

专利价值评估是专利运营过程中的重要环节，价值评估高低有可能直接影响运营成功与否。专利资产评估具有一定的价值尺度参考功能，可作为专利许可、专利转让、专利诉讼、专利质押、专利资产作价、专利信托、专利证券化等专利运营的重要参考。

自 2018 年以来，国家知识产权局专利局审查协作广东中心（以下简称审协广东中心）受广东省科学技术厅委托，在省重点领域研发计划立项（财政投入至少 100 亿元）工作中开展知识产权分析评估，为涉及新一代人工智能、第三代半导体材料与器件、新能源汽车、智能机器人与装备制造、激光制造与增材制造等多个重大重点专项研发申报项目进行知识产权方面的评估、评价，助力加快解决广东产业发展中“缺芯少核”及“一些核心技术、关键零部件、重大装备受制于人”的瓶颈问题，推动广东加快建成国家科技产业创新中心和科技创新强省。截至 2020 年年底，审协广东中心已累计为 50 多个专项、200 多个专题、2500 余个项目进行分析评估，从研发技术、法律风险及成果转化能力三个方面，分析项目申报方的自有知识产权质量、项目的专利侵权风险以及项目方的知识产权管理能力，形成全面的评估报告，为重大科技项目立项特别是“卡脖子”及关键核心技术的立项提供科学决策支撑，确保立项的科学性和正确性。

一、专利资产评估的概念

1. 专利资产评估的定义

资产评估是指按照相关的规则，采用适当的方法，对资产价值进行分析和估算的行为。专利资产评估则是指依据相关法律、法规和资产评估准则，对专利资产的价值进行分析和估算，并给出专业意见的行为。

专利资产评估实际上是对专利资产价值的评估。专利具有自己的价值和使用价值，这是从智力劳动成果中获得的专有权。专利技术的价值与常规产品的价值不同，它难以通过常规的材料损失和时间消耗成本计算得出。

因此，专利资产的评估必须充分考虑和遵守无形专利资产的特殊性，并使用易于操作、实用和科学的评估模型和方法来进行评估。由于专利资产价值与成本之间的对应关系较弱，因此更多地需要根据其可能带来的预期未来利益来确定其价值，但是其未来利益会受到可行性、实施状况和使用范围等因素的影响，不确定性较大。[①] 因此，有很多因素会影响专利资产的评估，各种因素的叠加和综合考虑会使得专利资产评估的事务较为复杂。

2. 专利资产评估的相关指导意见

为贯彻落实《资产评估法》，规范资产评估执业行为，保证资产评估执业质量，保护资产评估当事人合法权益和公共利益，在财政部指导下，中国资产评估协会根据《资产评估基本准则》，对《专利资产评估指导意见》进行了修订，该指导意见自 2017 年 10 月 1 日起施行。

专利资产评估遵循的基本原则包括：①资产评估机构及其资产评估专业人员开展专利权资产评估业务，应当遵守法律、行政法规的规定，坚持独立、客观、公正的原则，诚实守信，勤勉尽责，谨慎从业，遵守职业道德规范，自觉维护职业形象，不得从事损害职业形象的活动。②资产评估机构及其资产评估专业人员开展专利资产评估业务，应当独立进行分析和估算，并形成专业意见，拒绝委托人或者其他相关当事人的干预，不得直接以预先设定的价值作为评估结论。③执行专利资产评估业务，应当具备专利资产评估的专业知识和实践经验，能够胜任所执行的专利资产评估业务。执行某项特定业务缺乏特定的专业知识和经验时，应当采取弥补措施，包括利用专家工作及相关报告等。④执行企业价值评估中的专利资产评估业务，应当了解在对持续经营前提下的企业价值进行评估时，专利资

① 谢顺星. 专利咨询服务［M］. 北京：知识产权出版社，2013：149－150.

产作为企业资产的组成部分的价值可能有别于作为单项资产的价值，其价值取决于它对企业价值的贡献程度。⑤执行专利资产评估业务，应当在考虑评估目的、市场条件、评估对象自身条件等因素的基础上，选择价值类型。以质押为目的可以选择市场价值或者市场价值以外的价值类型，以交易为目的通常选择市场价值或者投资价值，以财务报告为目的通常根据会计准则相关要求选择相应的价值类型。⑥执行专利资产评估业务，应当确定评估假设和限制条件。

专利资产评估业务的评估对象是指专利资产权益，包括专利所有权和专利使用权。专利使用权是指专利实施许可权，具体包括专利权独占许可、独家许可、普通许可和其他许可形式。执行专利资产评估业务，应当明确专利资产的权利属性。评估对象为专利所有权的，应当关注专利权是否已经许可他人使用及使用权的具体形式，并关注其对专利所有权价值的影响。评估对象为专利使用权的，应当明确专利使用权的许可形式、许可内容及许可期限。

执行专利资产评估业务，应当要求委托人明确专利资产的基本状况。专利资产的基本状况通常包括：专利名称、专利类别、专利申请的国别或地区、专利申请号或专利号、专利的法律状态、专利申请日、专利授权日、专利权利要求书所记载的主权利要求、专利使用权利。

执行专利资产评估业务，应当关注专利的法律状态。专利的法律状态通常包括专利申请人或者专利权人及其变更情况，专利所处的专利审批阶段、年费缴纳情况、专利权的终止、专利权的恢复、专利权的质押，以及是否涉及法律诉讼或者处于复审、宣告无效状态。执行专利资产评估业务，应当关注专利资产的技术状况、实施状况及获利状况。执行专利资产评估业务，应当在要求委托人在根据评估对象的具体情况和评估目的对专利资产进行合理的分离或者合并的基础上，恰当进行单项专利资产或者专利资产组合的评估。执行质押、诉讼目的的专利资产评估业务，应当要求委托人提交由国家知识产权局出具的专利登记簿副本。评估对象为实用新型、外观设计专利的，应当要求委托人提供专利检索报告。当实用新型、外观设计专利数量较多时，应当选取部分专利由委托人提供检索报告。

执行专利资产评估业务，应当对专利及其实施情况进行调查，包括必要的现场调查、市场调查，并收集相关信息、资料等。调查过程收集的相关信息、资料包括：①专利资产的权利人及实施企业基本情况；②专利证书、最近一期的专利缴费凭证；③专利权利要求书、专利说明书及其附图；④专利技术的研发过程、技术实验报告，专利资产所属技术领域的发展状况、技术水平、技术成熟度、同类技术竞争状况、技术更新速度等有关信息、资料；如果技术效果需要检测，还应当收集相关产品检测报告；⑤与分析专利产品的适用范围、市场需求、市场前景及市场寿命、相关行业政策发展状况、宏观经济、同类产品的竞争状况、专利产品的获利能力等相关的信息、资料；⑥以往的评估和交易情况，包括专利权转让合同、实施许可合同及其他交易情况。

执行专利资产评估业务，应当尽可能获取与专利资产相关的财务数据及专利实施企业经审计的财务报表，对专利资产的相关财务数据进行分析。执行专利资产评估业务，应当分析下列事项及其对专利资产价值的影响：①专利权利要求书、专利说明书及其附图的内容；②专利权利要求书所记载的专利技术产品与其实施企业所生产产品的对应性。执行专利资产评估业务，应当对影响专利资产价值的法律因素进行分析，通常包括专利资产的权利属性及权利限制、专利类别、专利的法律状态、专利剩余法定保护期限、专利的保护范围等。资产评估专业人员应当关注专利所有权与使用权的差异、专利使用权的具体形式、以往许可和转让的情况对专利资产价值的影响。

资产评估专业人员应当关注发明、实用新型、外观设计的审批条件、审批程序、保护范围、保护期限、审批阶段的差异对专利资产价值的影响。资产评估专业人员应当关注专利所处审批阶段，专利是否涉及法律诉讼或者处于复审、宣告无效状态，以及专利有效性维持情况对专利资产价值的影响。执行专利资产评估业务，应当对影响专利资产价值的技术因素进行分析，通常包括替代性、先进性、创新性、成熟度、实用性、防御性、垄断性等。对影响专利资产价值的经济因素进行分析时，通常包括专利资产的取得成本、获利状况、许可费、类似资产的交易价格、市场应用情况、市场规模情况、市场占有率、竞争情况等。当专利资产与其他资产共同发挥作用时，资产评估专业人员应当分析专利资产的作用，确定该专利资产的价值。执行专利资产评估业务，应当关注经营条件等对专利资产作用和价值的影响。执行专利资产法律诉讼评估业务，应当关注相关案情基本情况、经过质证的资料以及专利权的历史诉讼情况。

确定专利资产价值的评估方法包括市场法、收益法和成本法三种基本方法及其衍生方法。执行专利资产评估业务，应当根据评估目的、评估对象、价值类型、资料收集等情况，分析上述三种基本方法的适用性，选择评估方法。

运用收益法进行专利资产评估时，应当收集专利产品的相关收入、成本、费用等数据。资产评估专业人员应当对委托人或者其他相关当事人提供的专利未来实施情况和收益状况的预测进行分析、判断和调整，确信相关预测的合理性。资产评估专业人员应当根据专利资产的具体情况选择收益口径。采用收益法进行专利资产评估时，应当确定预期收益。专利资产的预期收益应当是因专利的使用而额外带来的收益，可以通过增量收益、节省许可费、收益分成或者超额收益等方式估算。确定预期收益时，应当区分并剔除与委托评估的专利资产无关的业务产生的收益，并关注专利产品或者服务所属行业的市场规模、市场地位及相关企业的经营情况。采用收益法进行专利资产评估时应当合理确定专利资产收益期限。收益期限可以通过分析专利资产的技术寿命、技术成熟度、专利法定寿命及与专利资产相关的合同约定期限等确定。采用收益法进行专利资产评估时应当合理确定折现率。折现率可以通过分析评估基准日的利率、投资回报率，以及专利实施过程中的技术、经营、市场、资金等因素确定。专利资产折现率可以采用无风险报酬率加风险报酬率的方式确定。专利资产折现率应当与预期收益的口径保持一致。

采用市场法进行专利资产评估时，应当收集足够的可比交易案例，并对专利资产与可比交易案例之间的各种差异因素进行分析、比较和调整。

采用成本法进行专利资产评估时，应当合理确定专利资产的重置成本。重置成本包括合理的成本、利润和相关税费等。确定专利资产重置成本时，应当确定形成专利资产所需的直接成本、间接费用、合理的利润及相关的税费等。采用成本法进行专利资产评估时，应当合理确定贬值。

编制专利资产评估报告应当反映专利资产的特点，通常包括下列内容：①评估对象的详细情况，通常包括专利资产的权利属性、使用权具体形式、法律状态、专利申请号及专利权利要求等；②专利资产的技术状况和实施状况；③对影响专利资产价值的法律因素、技术因素、经济因素的分析过程；④专利的实施经营条件；⑤使用的评估假设和限制条件；⑥专利权许可、转让、诉讼、无效请求及质押情况；⑦有关评估方法的主要内容，包括评估方法的选取及其理由，评估方法中的运算和逻辑推理方式，各重要参数的来源、分析、比较与测算过程，对测算结果进行分析并形成评估结论的过程；⑧其他必要信息。

二、专利资产评估的方法

目前，国际评估通用的三种评估方法为市场法、收益法和成本法，这三种方法也是《资产评估准则》中规定的专利资产评估方法。为尽量减少评估误差，保障评估的科学性、合理性、准确性，应当根据评估目的、评估对象、价值类型、资料收集情况等相关条件，分析收益法、市场法和成本法三种资产评估基本方法的适用性，恰当选择一种或者多种资产评估方法。这三种评估方法客观上存在一定的局限性。市场法由于专利的排他性，参照类似的市场价值较为困难，对类似参照物的修正也难以体现待评估专利的真正价值；由于专利许可或转让等带来的收益也仅仅是专利全部收益的一部分，较难计算其他预期收益，因此收益法评估专利存在一定的不确定性；成本法需通过评估重新开发或购买类似专利技术所需要的投入成本，而实际上专利的价值并不能完全由其成本直接决定，成本法难以反映专利将来可能带来的垄断收益。

目前，对于专利价值的评估，还存在其他一些方法。例如，1994 年由 CHI Research 公司首次提出的一种系统专利计量方法——记分牌法，其是基于专利计量学的定量分析方法。也有一些国内学者在记分牌法的 6 个经典专利计量指标的基础上进行扩充，建立了一系列专利分析指标体系，其中包括 30 多个计量指标，如专利被引用次数、当前影响指数、专利技术生命周期、科学相关度、专利诉讼信息、专利寿命、专利族的大小等。[①] 该方法具有适用性广、可拓展性高、客观性强等特点，可以根据不同产业的专利做出适应性的优化，但各种指标数据的完整获取存在较大困难。

Innography 建立了专利强度计算模型，使用专利强度表征专利的价值，并将之实现在 Innography 平台上。专利强度采纳了诸多价值参数，包括专利引用次数和被引次数、专利权利要求数量、专利从申请到公开的时间长度、权利同族专利数量等，并且融合了诉讼数据库。Innography 系统通过模型运算将一项专利的强度分为 1 至 10 的不同等级，专利强度越大，相应的专利价值也就越高，该系统可以从海量专利数据中快速获取核心专利，但该模型并不能全面地评估专利的价值。欧洲专利局推广应用的 IPScore 专利价值评估软件，其在专利评估时需要输入多个软件内设的参数，IPScore 所涉及的市场、财务等指标暂不适用于中文专利，且仅能进行单项专利评估，无法批量操作，指标灵活度及扩展性不强。

目前具有较强实用性的评估方法是由国家知识产权局专利管理司和中国技术交易所共同研发的专利价值分析指标体系。该指标体系从法律、技术、经济三个维度计算专利价值度，每个维度下设多个子级指标，将客观性指标和主观性指标相融合，并由技术领域或行业内的专家进行人工修正。该方法具有较强的扩展性，既可以对专利质量进行评价，也可以对专利价值进行评估，下面进行重点介绍。

三、专利价值分析指标体系[②]

1. 体系介绍

专利价值分析指标体系是指一套能够反映所评价专利价值的总体特征，并且具有内在联系、起互补作用的指标群体，它是专利的内在价值在交易中的客观反映。但该体系并非法定体系，是由国家知识产权局专利管

---

① 肖国华，牛茜茜．专利价值分析指标体系改进研究［J］．科技进步与对策，2015（5）：117－121.

② 国家知识产权局专利管理司，中国技术交易所．专利价值分析指标体系操作手册［M］．北京：知识产权出版社，2012：1－40.

理司和中国技术交易所共同研发的，具有较强的参考意义，仅供专利运营主体参考。

专利分析指标体系的功能：一是基于指标体系，进行信息披露，全方位地关注专利各方面的要素，解决信息不对称问题。二是对各指标打分，进行指标组合评价。指标体系层级简繁适度，形成一个标准的模板。指标分为两层：第一层是从专利自身属性的角度，分为法律、技术和经济三个指标；第二层是从专利功能的角度，将第一层的三项指标分解为18项支撑指标。这些指标综合了静态评价与动态评估，既体现稳定的要素，也包括变动的要素。

2. 体系建立

根据检索报告、行业分析报告以及其他后备材料，对第二层指标逐个打分，这些分数经加权汇总之后，形成对专利进行衡量的一种标准化统一度量——专利价值度（Patent Value Degree，PVD）。专利价值度的定义是：相对表征专利自身价值大小的度量单位。

温度用“冷”“热”定义，专利价值度（PVD）用专利的“好”“坏”进行定义，能够支持对于多个专利进行横向、纵向的对比，可直观地对专利价值进行度量。

专利价值度（PVD）的三维度划分及计算方法如图1－1所示。

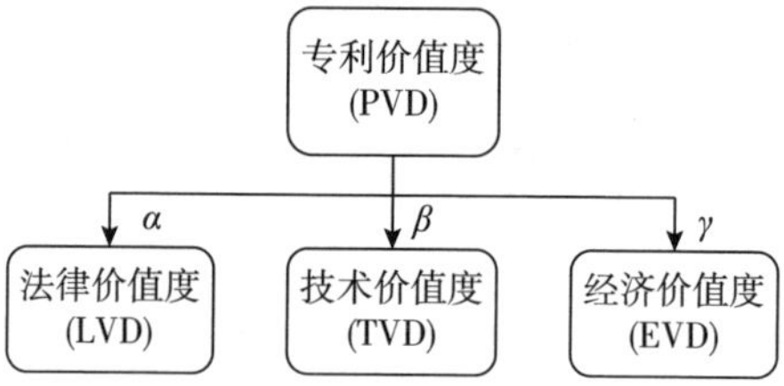

图1－1 专利价值度（PVD）的三维度划分

$$PVD = \alpha \cdot LVD + \beta \cdot TVD + \gamma \cdot EVD$$

其中，$\alpha + \beta + \gamma = 100\%$。

（1）法律价值度（LVD）解析。

图1－2为法律价值度（LVD）的评价指标，表1－1与表1－2分别为法律价值度二级指标的定义与评判标准以及二级指标的分值分配。

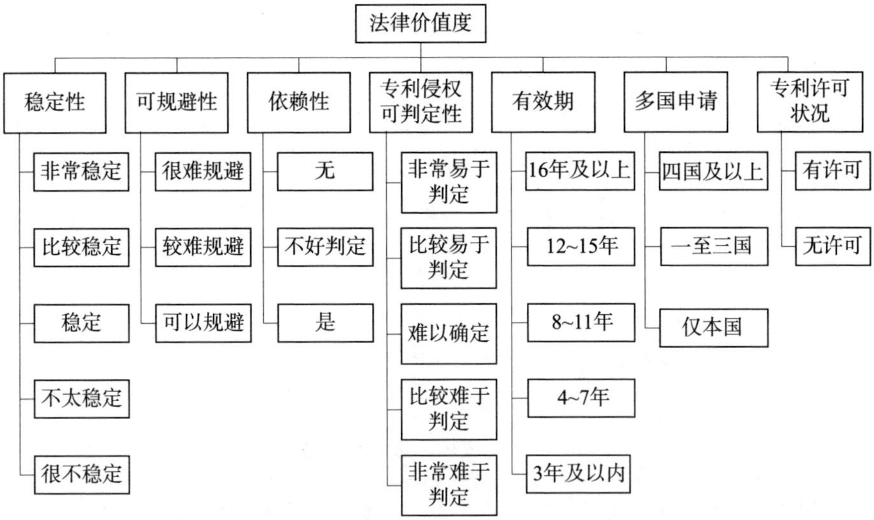

图 1-2 法律价值度（LVD）评价指标

表 1-1 法律价值度二级指标的定义与评判标准

二级指标	定义	评判标准
稳定性	一项被授权的专利在行使权利的过程中被无效的可能性	权利要求特征多少、上位下位；同族专利授权；本专利及同族专利经过复审、无效程序或涉及诉讼的结果等
可规避性	一项专利是否容易被他人进行规避设计，从而在不侵犯该项专利的专利权的情况下仍然能够达到与该专利相类似的技术效果，即权利要求的保护范围是否合适	将独立权要求的每个特征分解出来，对每个分解特征进行评估，然后再对该权利要求的所有特征的可规避性的评分求平均值
依赖性	一项专利的实施是否依赖于现有授权专利的许可，以及该专利是否作为后续申请专利的基础	通常可以由权利人提供或通过检索确定在先专利以及衍生专利
专利侵权可判定性	基于一项专利的权利要求，是否容易发现和判断侵权行为的发生，是否容易取证，进而行使诉讼的权利	可以将独立权要求的每个特征分解出来，对每个分解特征进行评估，然后再对该权利要求的所有特征的专利侵权可判定性的评分求平均值，以获得该权利要求的专利侵权可判定性分值

续表

二级指标	定义	评判标准
有效期	一项授权的专利从当前算起还有多长时间的保护期	根据检索报告
多国申请	一项专利是否在除本国之外的其他国家提交过申请	根据检索报告
专利许可状况	一项专利的专利权人是否将该专利许可他人使用或者是否经历侵权诉讼	根据检索报告

表 1-2　法律价值度二级指标的分值分配

二级指标	10 分	8 分	6 分	4 分	2 分
稳定性	非常稳定	比较稳定	稳定	不太稳定	很不稳定
可规避性	很难规避		较难规避		可以规避
依赖性	无		不好判断		是
专利侵权可判定性	非常易于判定	比较易于判定	难以确定	比较难于判定	非常难于判定
有效期	16 年及以上	12～15 年	8～11 年	4～7 年	3 年及以内
多国申请	四国及以上国家专利	一至三国国家专利		仅本国专利	
专利许可状况	有许可			无许可	

（2）技术价值度（TVD）解析。

图 1-3 为技术价值度（TVD）的评价指标，表 1-3 与表 1-4 分别为技术价值度二级指标的定义与评判标准以及二级指标的分值分配。

其中，“成熟度”指标参考并引入国家标准《科学技术研究项目评价通则》（GB/T 22900—2009）。

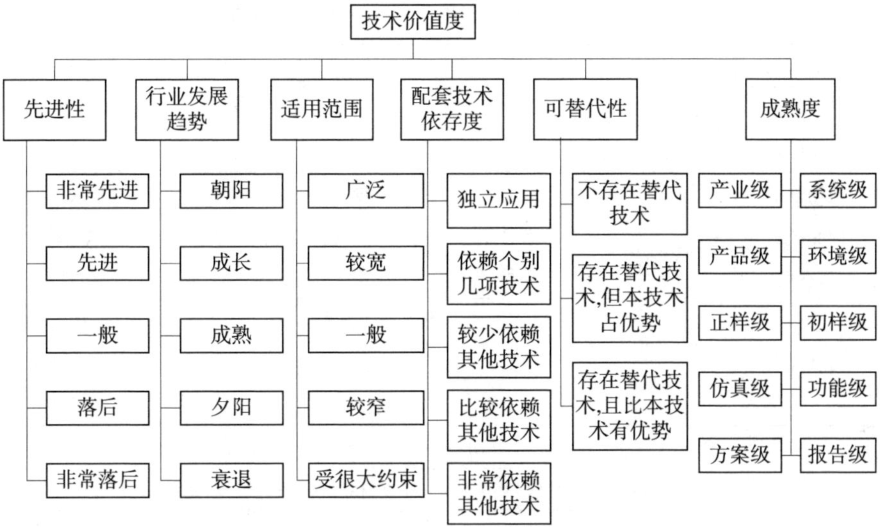

图1－3　技术价值度（TVD）评价指标

表1－3　技术价值度二级指标的定义与评判标准

二级指标	定义	评判标准
先进性	专利技术在当前进行评估的时间点上与本领域的其他技术相比是否处于领先地位	根据以下几个方面进行评估：所解决的问题、技术手段、技术效果
行业发展趋势	专利技术所在的技术领域目前的发展方向	行业发展报告；该专利的国际分类号的小类或大组的专利数量的时间分布情况
适用范围	专利技术可以应用的范围	专利的说明书的背景技术对技术问题的描述以及独立权利要求
配套技术依存度	专利技术是否可以独立应用到产品，还是经过组合才能应用，即是否依赖于其他技术才可实施	专利的说明书背景技术和技术方案相关描述，结合现有技术发展状况
可替代性	在当前时间点，是否存在解决相同或类似问题的替代技术方案	对相关专利的问题描述；检索解决相同问题或类似问题的其他技术方案；检索该专利引用的背景技术；以及引用本专利的后续专利
成熟度	专利技术在评估时所处的发展阶段	根据国家标准《科学技术研究项目评价通则》

表 1－4　技术价值度二级指标的分值分配

<table>
<tr><td>二级指标</td><td colspan="2">10 分</td><td colspan="2">8 分</td><td colspan="2">6 分</td><td colspan="2">4 分</td><td colspan="2">2 分</td></tr>
<tr><td>先进性</td><td colspan="2">非常先进</td><td colspan="2">先进</td><td colspan="2">一般</td><td colspan="2">落后</td><td colspan="2">非常落后</td></tr>
<tr><td>行业发展趋势</td><td colspan="2">朝阳</td><td colspan="2">成长</td><td colspan="2">成熟</td><td colspan="2">夕阳</td><td colspan="2">衰退</td></tr>
<tr><td>适用范围</td><td colspan="2">广泛</td><td colspan="2">较宽</td><td colspan="2">一般</td><td colspan="2">较窄</td><td colspan="2">受很大约束</td></tr>
<tr><td>配套技术依存度</td><td colspan="2">独立应用</td><td colspan="2">依赖个别几项技术</td><td colspan="2">较少依赖其他技术</td><td colspan="2">比较依赖其他技术</td><td colspan="2">非常依赖其他技术</td></tr>
<tr><td>可替代性</td><td colspan="2">不存在替代技术</td><td colspan="2"></td><td colspan="2">存在替代技术，但本技术占优势</td><td colspan="2"></td><td colspan="2">存在替代技术，且比本技术有优势</td></tr>
<tr><td rowspan="2">成熟度</td><td>10 分</td><td>9 分</td><td>8 分</td><td>7 分</td><td>6 分</td><td>5 分</td><td>4 分</td><td>3 分</td><td>2 分</td><td>1 分</td></tr>
<tr><td>商业化</td><td>系统级</td><td>产品级</td><td>环境级</td><td>正样级</td><td>初样级</td><td>仿真级</td><td>功能级</td><td>方案级</td><td>报告级</td></tr>
</table>

（3）经济价值度（EVD）解析。

图 1－4 为经济价值度（EVD）的评价指标，表 1－5 与表 1－6 分别为经济价值度二级指标的定义与评判标准以及二级指标的分值分配。

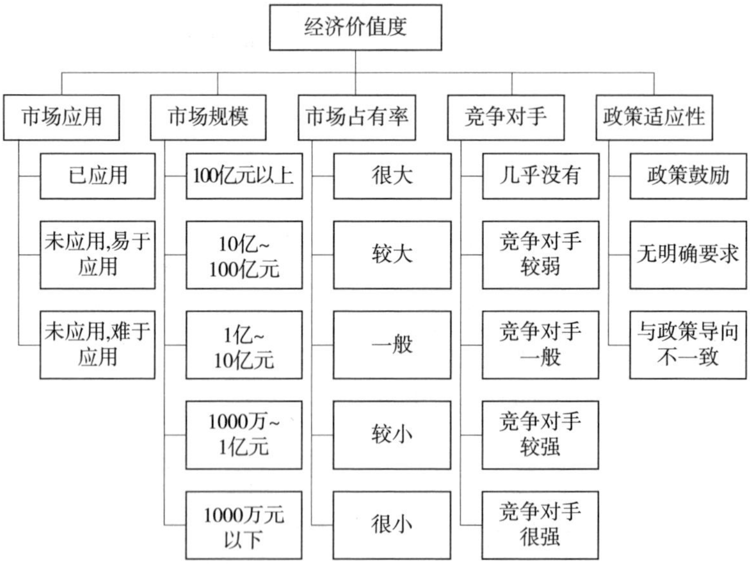

图 1－4　经济价值度（EVD）评价指标

表 1-5　经济价值度二级指标的定义与评判标准

二级指标	定义	评判标准
市场应用	专利技术目前是否已经在市场上投入使用，如果还没有投入市场，则为将来在市场上应用的前景	市场上有没有与该专利对应的产品或者基于专利技术生产出来的产品，行业专家判断
市场规模	专利技术经过充分市场推广后，未来其对应专利产品或工艺有可能实现的销售收益	理想情况下同类产品的市场规模乘以专利产品可能占到的份额
市场占有率	专利技术经过充分市场推广后可能在市场上占有的份额	专利产品在其他类似产品市场中占有的数量比例。如果专利产品还没有投入市场，则根据功能和效果最接近的成熟产品所占有的比例进行估计
竞争对手	市场上是否存在与目标专利技术的持有人形成竞争关系的竞争对手存在，以及竞争对手的规模	与本专利技术构成直接竞争关系的产品或技术的持有者或实施者与本专利的持有人之间的实力对比，例如公司的总体营业额
政策适应性	国家与地方政策对应用一项专利技术的相关规定，包括专利技术是否是政策所鼓励和扶持的技术，是否有各种优惠政策	高新技术产业和技术指导目录

表 1-6　经济价值度二级指标的分值分配

二级指标	10 分	8 分	6 分	4 分	2 分
市场应用	已应用		未应用，易于应用		未应用，难于应用
市场规模	很大（100 亿元以上）	较大（10 亿～100 亿元）	中等（1 亿～10 亿元）	较小（1000 万～1 亿元）	很小（1000 万元以下）
市场占有率	很大	较大	一般	较小	很小
竞争对手	几乎没有	竞争对手较弱	竞争对手一般	竞争对手较强	竞争对手很强
政策适应性	政策鼓励		无明确要求		与政策导向不一致

3. 流程设计

专利价值分析体系由于涉及人工打分，存在主观倾向影响分析结果的可能，因此，本体系通过建立严谨的流程管理，最大限度降低主观因素的成分，保证体系的科学性和权威性。

首先，本体系要求统一化的前期检索，由专门的检索小组对检索数据库来源和检索规则进行掌控和管理，直至生成标准化的检索报告；其次，设立全面的二级指标体系，并基于分析需求、技术领域等为指标分配不同的权重，从而确保这些指标能够从宏观与微观层面涵盖专利在法律、技术、经济三个维度上的质量与价值，并分别生成针对这三个维度的分析结果，分析结果汇总之后，以一种新定义的标准度量来表示汇总后的分析结果，并整合为分析报告；最后，设计双层检验机制，即通过项目负责制执行一致性检验，以及通过流程规范性审查，最大限度克服主观打分的随意性。专利价值分析体系整体流程如图 1－5 所示。

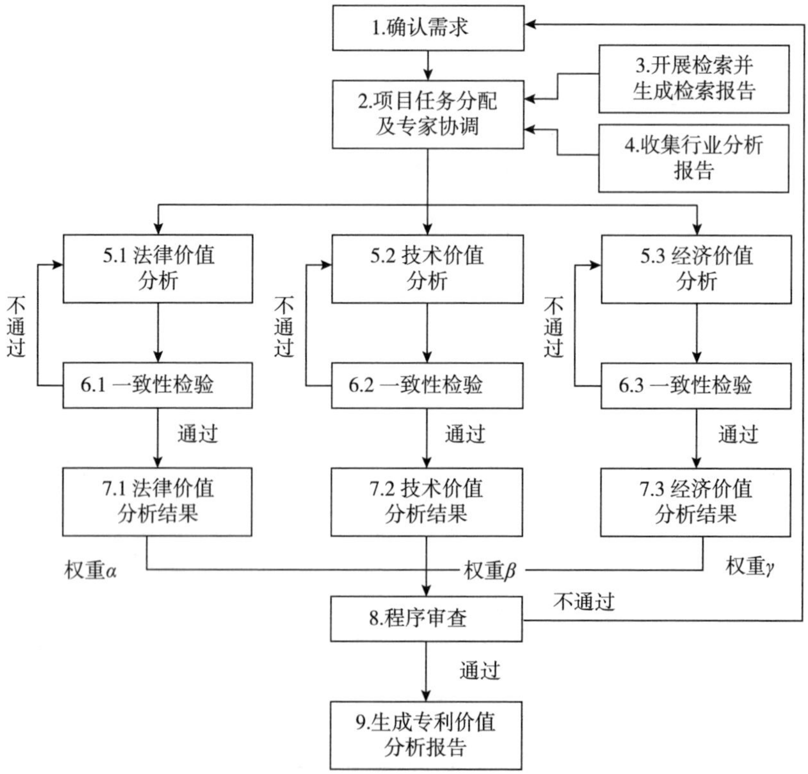

图 1－5　专利价值分析体系整体流程

四、专利运营状况评价指标体系

专利受到政策、经济、技术、社会、文化的外部环境影响较大，想要顺利地开展专利运营需要合适的外部环境。专利运营主体想对某地的专利运营环境状况进行系统了解，进行科学的评估，专利运营状况评价指标体系能给专利运营主体提供一定的参考借鉴。

专利运营状况评价指标体系来自中国专利运营年度报告，主要结合定量分析与定性分析，并考虑可操作性等原则，设计总分为100分，包括政策、经济、技术和社会4个一级指标，以及11个二级指标和29个三级指标，评价体系的整体框架如表1－7所示。①

表1－7　专利运营状况评价指标体系

一级指标	二级指标	三级指标	权重分数
政策（P）（16分）	政策法规规划	1. 专利运营政策法规规划指数（分）	6
	财政经费	2. 专利运营财政经费指数（分）	7
	专项机构设置	3. 政府专项机构建设指数（分）	3
经济（E）（41分）	专利运营规模	4. 运营次数指数（分）	7
		5. 运营机构指数（分）	3
		6. 运营权利人数量（个）	3
		7. 质权人指数（分）	2
		8. 合同数指数（分）	5
	专利运营效益	9. 专利转让金额指数（分）	7
		10. 专利许可金额指数（分）	7
		11. 专利质押金额（亿元）	7
技术（T）（22分）	基础	12. 运营专利基础数量（件）	2
		13. 进入产业化阶段有效专利比例（%）	1
		14. 高技术产业每件有效发明专利实现新产品销售收入（万元/件）	1

① 诸敏刚，李程．中国专利运营年度报告（2017）［M］．北京：知识产权出版社，2018：62－72.

续表

一级指标	二级指标	三级指标	权重分数
技术（T） （22分）	产业	15. 产业跨度（个）	3
		16. 重点产业比重（%）	3
		17. 产业专利/知识产权联盟指数（分）	5
	重点	18. 标准必要专利数（件）	3
		19. 高价值专利数（件）	2
		20. 中国专利奖获奖指数（分）	2
社会（S） （21分）	专利运营人才	21. 专利运营从业人员数量（个）	3
		22. 专利运营从业人员学历（%）	3
	专利运营环境	23. 运营基金指数（分）	3
		24. 试点地区指数（分）	2
		25. 试点机构数（家）	2
		26. 专利运营公共服务平台指数（分）	2
		27. 专利保护环境指数（分）	2
	专利运营意识	28. 专利运营培训指数（分）	3
		29. 专利运营研究指数（分）	1

对于三级指标说明如下。

（1）专利运营政策法规规划指数（分）。

表征专利运营政策法规环境建设情况，为截至当年年底，国务院、国家知识产权局、各省区市政府、副省级城市政府、计划单列市政府和省区市级其他机构（如省区市知识产权局、发改委等部门）、地级市政府发布的现行有效的专利运营政策法规规划数量得分。

（2）专利运营财政经费指数（分）。

表征政府对专利运营工作的经费投入力度。

专利运营财政经费指数＝财政经费绝对值得分×40%＋知识产权质押融资风险补偿基金绝对值得分×30%＋财政经费增长率得分×30%（若增长率为负，则该项不得分）。

（3）政府专项机构建设指数（分）。

表征专利运营行政管理机构建设情况：省、地（市）知识产权局建设情况。

政府专项机构建设指数 = 省局专项机构设置得分 ×60% + 地市局专项机构设置得分 ×40%。

其中，专项机构设置得分 = 专门机构数量得分（包括工作组、领导小组办公室等）×60% + 兼管机构数量得分 ×40%。无机构设置该项不得分。

（4）运营次数指数（分）。

表征专利运营总体规模情况，包括专利权或专利申请权的转移次数、专利实施许可合同备案的生效次数以及专利权质押合同登记的生效次数（基于法律状态数据）。由于专利权（专利申请权）可能被多次许可、转移、质押，因此运营次数不等同于专利件数。

运营次数指数 = 转让次数指数 + 许可次数指数 + 专利质押次数指数。

其中，转让次数指数 = 专利权或专利申请权的转让次数得分 ×80% + 单件专利转让次数得分 ×20%；许可次数指数 = 专利实施许可合同备案的生效次数得分 ×80% + 单件专利实施许可合同备案的生效次数得分 ×20%；专利质押次数指数 = 专利权质押合同登记的生效次数得分 ×80% + 单件专利权质押合同登记的生效次数得分 ×20%。

（5）运营机构指数（分）。

表征运营机构专利运营规模情况，基于专利运营数据进行统计。

运营机构指数 = 运营机构数量得分 ×50% + 运营机构运营专利次数全国占比得分 ×50%。

（6）运营权利人数量（个）。

表征参与专利运营的权利人规模情况。

运营权利人数量 = 转让权利人数量 + 许可权利人数量 + 出质人数量。

其中，转让权利人数量 = 转让前后权利人合并去重后数量；许可权利人数量 = 许可前后权利人合并去重后数量。

（7）质权人指数（分）。

表征参与专利权质押的质权人规模情况。

质权人指数 = 质权人数量得分 ×70% + 质权人类型得分 ×30%。

（8）合同数指数（分）。

表征参与专利运营（转让、许可、质押）的合同规模情况。

合同数指数 = 转让合同数指数 + 许可合同数指数 + 质押合同数指数。

其中，转让合同数指数 = 转让合同数量得分 ×70% + 单笔转让合同涉及专利数量得分 ×30%；许可合同数指数 = 许可合同数量得分 ×70% + 单笔许可合同涉及专利数量得分 ×30%；质押合同数指数 = 质押合同数量得分 ×70% + 单笔质押合同涉及专利数量得分 ×30%。

（9）专利转让金额指数（分）。

表征专利申请权与专利权转让的货币化情况。由转让金额、商业化程度（TOP 100 商业化占比）这两个指标数据标准化后加权所得，其权重分别为 80%、20%。

（10）专利许可金额指数（分）。

表征专利申请权与专利权实施许可的货币化情况。由许可金额、商业化程度（TOP 100 商业化占比）这两个指标数据标准化后加权所得，其权重分别为 80%、20%。

（11）专利质押金额（亿元）。

表征专利权质押融资的货币化情况，即专利权质押金额。

（12）运营专利基础数量（件）。

表征可进行运营的专利或专利申请数量，包括有效专利数量与在审专利申请数量。

运营专利基础 = 有效专利数量 ×70% + 在审专利数量 ×30%。

其中，有效专利数量 = 有效发明数量 ×50% + 有效实用新型数量 ×30% + 有效外观设计数量 ×20%。

（13）进入产业化阶段有效专利比例（%）。

表征专利产业化情况。实际是指截至上一年度末有效专利进入产业化阶段的比例。

（14）高技术产业每件有效发明专利实现新产品销售收入（万元/件）。

反映与专利技术紧密相关的高技术产业专利运用水平。

高技术产业每件有效发明专利实现新产品销售收入 = 高技术产业实现新产品销售收入/高技术产业有效发明专利数。

（15）产业跨度（个）。

表征已开展专利运营产业的数量多少，产业数量多则跨度大，反之则跨度小。专利运营产业数量以专利涉及 IPC 大类数量来统计，产业数量 = IPC 大类数 ÷1.5（IPC 大类一共是 126 个，国民经济产业是 80 个，平均一个产业是 1.5 个 IPC 大类）。

（16）重点产业比重（%）。

表征已开展专利运营的产业与重点产业的关联程度，以专利涉及的 IPC 大类来统计，即 TOP 50 的 IPC 所涉及重点产业的占比，重点产业以战略性新兴产业等产业引导政策界定。

（17）产业专利/知识产权联盟指数（分）。

表征专利协同运用情况，包括产业专利/知识产权联盟数量、企业数量及专利池规模。

产业专利/知识产权联盟指数 = 产业专利/知识产权联盟数量得分 ×30% + 企业数量得分 ×30% + 专利池规模得分 ×40%。

（18）标准必要专利数（件）。

表征可开展专利运营的技术标准情况，以标准必要专利的数量来统计。

（19）高价值专利数（件）。

表征可开展专利运营的重点技术情况。高价值专利用价值评估系统来评估，以平均分以上的专利数量来计算得分。

高价值专利数 = 平均分以上的有效专利数量 ×70% + 平均分以上的在审专利申请数量 ×30%。

（20）中国专利奖获奖指数（分）。

表征可开展专利运营的优秀专利技术运用的水平。

中国专利奖获奖指数 = 年度中国专利金奖数量 ×5 + 年度中国专利优秀奖数量 ×1。

其中，年度中国专利金奖包括中国专利金奖和中国外观设计金奖，年度中国专利优秀奖包括中国专利优秀奖和中国外观设计优秀奖。

（21）专利运营从业人员数量（个）。

表征专利运营服务的能力，当年专利运营从业人员数量是指截至该年年底专利运营机构从业人员数量。

（22）专利运营从业人员学历（%）。

表征专利运营服务人员的学历层次，指截至该年年底专利运营机构中从业人员拥有本科及以上学历的比重。专利运营机构定义见《关于开展全国专利运营产业发展状况摸底调查的通知》。

（23）运营基金指数（分）。

表征专利运营基金的发展情况。由基金数量、基金规模这两个指标数据标准化后加权所得，其权重分别为50%、50%。运营基金包括由政府资金引导、社会资本参与的运营基金和主要由企业出资主导的市场化运营基金。

（24）试点地区指数（分）。

表征专利运营的试点地区工作水平，试点地区类型包括知识产权运营服务体系建设重点城市、知识产权质押融资工作试点城市、知识产权质押融资工作示范城市。

试点地区指数＝知识产权质押融资工作试点城市（数量）得分×30%＋知识产权质押融资工作示范城市（数量）得分×35%＋知识产权运营服务体系建设重点城市（数量）得分×35%。

（25）试点机构数（家）。

表征专利运营的试点企业工作水平，指截至该年年底国家专利运营试点企业数量，包括生产型试点企业和服务型试点企业。

（26）专利运营公共服务平台指数（分）。

表征专利运营公共服务水平，指截至该年年底专利运营公共服务平台（线上）数量，包括全国性和省级服务平台。全国性、省级专利运营公共服务平台分别得5分、2分。

（27）专利保护环境指数（分）。

表征专利司法保护和行政保护的环境，包括专利侵权诉讼和专利行政执法数据。专利侵权诉讼数据可援引《中国知识产权保护状况》白皮书相关数据结果。采用数据包括全国地方人民法院新收专利民事一审案件数量和全国地方人民法院共新收专利行政一审案件数量。

专利行政执法数据援引《中国知识产权保护状况》白皮书相关数据结果。采用数据为全年专利行政执法办案总量。

（28）专利运营培训指数（分）。

表征专利运营培训服务的开展情况，包括国家知识产权局和各省、自治区、直辖市知识产权局主办的专利运营培训服务。

专利运营培训指数 = 国家知识产权局主办的专利运营培训人次得分 ×60% + 各省、自治区、直辖市知识产权局主办的专利运营培训人次得分 ×40%。

（29）专利运营研究指数（分）。

表征专利运营的学术研究情况，采用数据为中国学术期刊数量及增量和中国学位论文数量及增量。

专利运营研究指数 = 中国学术期刊得分（数量得分 + 增量得分）×50% + 中国学位论文得分（数量得分 + 增量得分）×50%。

第六节 专利运营的模式

一、专利运营模式概述

专利运营的目的一方面是保持竞争优势，另一方面是可以更好地实现专利的经济价值。专利运营的模式越来越丰富和多样，从最初仅有的专利许可，一步步发展衍生出专利转让、专利质押、专利诉讼、专利拍卖、专利联盟、专利证券化、专利池、专利标准化、NPE 运营、专利开放等多种形式。专利运营作为一个新兴产业正蓬勃发展，已有一批规模大、专业化程度高的专利运营公司发展成熟，同时也促进了一些影响力较大的专利运营机构应运而生。

二、专利运营模式分类

当前，专利运营模式尚无标准化的分类，但是业界已形成一定的专利运营模式分类系统或方式。专利运营模式表现出运营方式的多样性、运营实体的丰富性以及运营目的的多样化等特征，并且随着外部环境的发展变化而不断产生新的运营模式。尤其是近年来，一些机构已经兼顾了自己的战略考虑和竞争需求，故意隐藏真实的运营目的，而通过第三方机构甚至空壳公司进行实际操作，这给专利运营蒙上了一层神秘色彩。①

由于专利运营贯穿专利创造、运用、保护、管理、服务、国际化全链条，因此本书根据专利的运行发展环节对专利运营进行初步划分。其主要模式有：创造型专利运营，包括专利布局、专利密集型产业；运用型专利运营，包括专利转让、专利许可、专利质押、专利出资、专利证券化、专利信托、专利保险；保护型专利运营，包括专利诉讼、专利尽职调查、NPE专利风险防御、337调查；管理型专利运营，包括专利标准化、专利池、专利开放、技术许可办公室；服务型专利运营，包括专利运营平台等；国际化专利运营，主要内容是关于国际化专利运营风险及“一带一路”专利运营新机遇。需要特别说明的是，专利运营是复杂的、相互关联和交叉的，涉及运营主体、运营性质和运营方式方法多个方面。本书对专利运营模式划分的主要目的是方便读者从专利创造、运用、保护、管理、服务、国际化全链条的角度全方位理解专利运营。

① 周胜生，高可，饶刚，等. 专利运营之道［M］. 北京：知识产权出版社，2016：31.

第二章

创造型专利运营

第一节 专利布局规划

一、重视专利布局

专利包含技术信息和商业价值。为了在激烈的市场竞争中脱颖而出，必须充分利用专利资源，制定合理的专利战略，重视专利布局，不断积累专利数量，提高专利质量。

专利竞争是知识产权竞争的重要体现，通过合理利用专利资源，不仅可以保护自己的合法权益，还可以防御竞争对手，并充分掌握技术研发信息，避免盲目研发。因此，有必要制定专利布局的长远规划，充分利用专利运营的内在价值。

规划专利的布局方向应结合自身发展的实际情况。一般而言，应考虑以下几个方面。

1. 专利的形式、数量、质量

首先，我国的专利类型分为三种：发明、实用新型和外观设计。这三种类型的专利在申请批准、保护对象和保护时间方面都有一定差异。专利申请人可以基于实际情况，例如产品类型、市场环境、区域需求，技术创新周期等，选择适当的专利形式。

其次，在专利数量上，要充分考虑专利核心技术、外围技术和分支技术布局的必要性，围绕企业核心专利进行全面和多维的布局，合理评估和规划专利布局数量。制定良好的专利布局数量策略，以形成专利布局组合为宜，要避免盲目追求布局数量。

最后，专利质量才是专利布局和专利价值的核心。在开始布局之前，必须非常注重提高专利质量，获得最大的保护范围，避免被竞争对手轻易规避，从而获得最大的竞争优势和市场机会。除自主开发和技术创新外，还可以通过实时监控专利信息、专利导航、预警和分析等方式不断提高专利质量。

2. 专利成本、专利分析、市场前景

首先，需要考虑专利布局的成本。在技术创新投入、专利申请费、专利维护费用等方面，需要对专利进行资本投入和专项资金支持。另外，必须考虑到专利技术的研究和开发存在的某些风险，并非所有的技术研发都能取得较好的专利成果。同时，提交专利申请会产生必要的费用，例如申请费和专利代理费；维持专利需要多项成本，包括维持成本、数据分析成本、管理成本和诉讼无效等成本。专利成本需要进行合理的评估和规划，量力而行，根据当前的经济实力进行调整，并设定出契合实际的专利布局目标。

其次，必须充分研究和判断自身的技术研发和创新能力，在进行专利布局之前进行专利分析和预警，并了解自身的技术是否已经被其他人预先部署申请，避免重复研发和布局。同时通过专利数据的挖掘和分析，结合自身的技术实力，对市场前景良好、目前仍未布局的技术要点进行布局，建立专利壁垒，防止竞争对手规避，从而进一步扩大自己的竞争优势。对于其他人预先布局的有效专利，可以进行改进的开发或替代技术开发，以期在新一代产品中绕开专利障碍，或者获得专利许可或谈判的筹码。

最后，有必要充分预测专利技术或专利产品的市场前景，并根据市场环境制订合理的短期和中长期专利布局规划。短期布局规划的重点是在较短时间内形成具有市场潜力的专利产品，如果专利产品没有市场前景和商业价值，则企业无法获利；即使技术很好，也只会浪费专利技术的研发和布局成本。当然，应该从中长期的角度来充分预期和评估市场前景和商业价值，因为根据不同专利类型，我国的专利保护期限可以长达 10 ~ 20 年，应根据实际情况制订中长期的专利布局规划。

3. 现有专利资源

应定期更新现有的专利基本信息，如专利类型、专利数量、有效期限、技术领域、专利价值度、经济效益以及实施和使用状况。例如，发明、实用新型或外观设计的数量和比例是多少，这些专利的保护期是多长时间，是否有必要继续更新保护，这些专利分配在哪些产品或技术领域中，哪些专利是具有较高价值的核心专利，哪些专利产生了收益，哪些专利可能产生了收益以及产生收益的金额，等等。

二、专利布局形式

1. 专利和技术秘密

《专利法》的立法精神是“公开换取保护”。尽管专利具有法律授予的专有权，但它们也有一些缺点，例如需要充分公开和履行审批程序。申请人可以根据实际情况考虑是否必须进行专利保护；有时其他方法，例如保护技术创造的技术秘密也是较好的选择之一。

（1）专利的优势与局限。

专利申请需要提交至国家知识产权局专利局，专利局对申请的专利进行初步或实质审查。审查发现没有违反《专利法》的相关规定后，可以根据不同的专利类型在相应期限内授予专利权。

专利保护的权威性、垄断性和明确性决定了专利的优势。专利在保护发明和创造方面具有较大的优势，这主要体现在以下几个方面①：

首先，专利需要官方授权，因而具有权威性。发明专利还需要经过实质审查，因此具有稳定性的优点，更容易获得风险投资机构的投资，也很容易通过专利运营获得直接的资金支持。

其次，排除专利权无效等原因，专利权相对稳定，一旦获得授权，就可以在保护期内持续持有。这与技术秘密不同，技术秘密可能会由于信息泄露而随时失效。

再次，一项发明和创造只能被授予一项专利权，其他同样的发明和创造不能重复被授予专利权，这为专利权人提供了独一无二的竞争优势。

最后，由于专利权主张清晰，保护范围明确，因此专利权人和公众可以方便地判定侵权行为，也可以方便地请求行政及司法保护。因此，专利有利于自身权利的保护，具有更强的安全性和执行力。

以上仅列出了专利的一些主要优点，其并不限于这些，但上述优点已

① 袁真富. 专利经营管理［M］. 北京：知识产权出版社，2011：106－113.

足以打动创新主体进行专利布局。

专利也有一定的局限性，主要体现在以下几个方面。

第一，专利申请必须充分公开，公众和竞争者可能有机会加以利用。基于公开换取保护的原则，发明创造的内容必须通过专利申请文件向公众公开，任何人都可以搜索和查看它们。如果权利要求的保护范围不适当，则很容易给竞争者提供利用的机会。同时，专利发布后，竞争对手将有机会在此基础上进行技术改进，并研究自己的专利布局机会。

第二，从专利申请到授权需要一定的时间。如果技术或产品的技术生命周期太短，则在授权专利后该技术或产品可能已过时，并且专利授权可能无法跟上该技术或产品的创新速度。特别是对于发明专利申请，通常需要两到三年甚至更长的时间才能获得授权。而某些技术的发展速度越来越快，某些新技术的生命周期可能比专利授权周期所需的时间要短。此时，该技术或其相应产品可能已被淘汰，而该专利尚未获得授权，因此需要慎重权衡。

第三，并非所有的专利申请都能获得专利授权。如果发明专利申请公开后未获得专利授权，将无偿奉献给社会公众或竞争对手使用。根据《专利法》第三十四条的规定，国务院专利行政部门收到发明专利申请后，经初步审查认为符合本法要求的，自申请日起满十八个月，即行公布。如果发明专利申请公开后，并未获得专利授权，申请人不仅没有获得专利的独占权，反而向竞争对手主动公开了自己的专利技术。

第四，专利的申请和维持需要持续的投入。相对而言，我国对专利申请实行费用减免，因此申请和维持费用相对便宜；但是如果申请外国专利，投入将会大大增加。如果申请的专利数量较大，加上代理费等各种费用，则需要大量的资金投入。再加上维持专利的成本，对于资金不足的中小型企业而言，这将是一笔沉重的支出负担。如果不能持续缴纳年费，专利在获取授权后不久就会因未缴纳年费而失效，那么也就无法实现专利权的独占。

第五，专利保护受地域和时间限制。从法律的角度来看，一个国家或地区授予的专利权仅在该国家或地区有效，而在其他国家和地区没有法律效力，其专利权在其他国家或地区不受承认和保护。另外，专利也有一定的保护期限。专利的保护期到期后，公众可以免费使用该专利，从而使专利权人失去专有权。因此，专利权人要充分考虑地理和时间限制。特别是对于医药类公司，从专利申请到授权通常需要很长时间。许多制药公司经常投入大量的研发成本，而实际的专利保护期太短，无法完全收回研发成本而盈利。尽管新的专利法充分考虑了专利补偿期，但对于大多数产品或技术而言，由于当今的技术日新月异，技术和产品的生命周期正在加速缩减，通常专利权不需要等到最后期限即自动失效。

（2）技术秘密的优势与不足。

技术秘密，通常是指能为权利人带来利益、权利人已采取严格的保密措施、不为公众所知悉的技术信息，包括设计、程序、配方、工艺、方法、诀窍及其他形式的技术信息，属于商业秘密。

技术秘密权利人对技术取得的独占权，并非经过官方或法律确认和保护的“法定专有权”，而仅仅是一种“事实专有权”，它是通过合法持有人对技术进行严格保密来达到独占目标。与专利相比，技术秘密保护的优势主要包括不需要公开换取保护、没有固定保护期限、不受地域限制、被侵权概率较小、可以随时对技术进行改进。①

但技术秘密也存在一些不足，主要体现在以下几个方面。

第一，被披露的风险很高。技术秘密的保护必须非常严格，一旦泄露或公开，技术秘密的事实专有权就不复存在，并且难以挽救，此时权利人也不能阻止他人使用技术秘密申请专利。而专利不存在这种风险，并且他人申请的专利也不会重复获得专利权。

第二，技术秘密必须依靠完善的保密措施。所有技术秘密的保密状态的维持取决于权利人对技术秘密采取的保密措施。保密措施不仅是拥有人自发采取的相应措施或手段，而且是技术秘密成为秘密的条件之一，因为技术秘密将维持秘密状态作为首要条件，需避免向外界披露。最基本的方式是权利人主动采取严格的保密措施。

通常来说，技术秘密可以采取以下一些保护措施，例如，采取一些针对性的干扰措施，可以添加干扰步骤或破坏性操作，目的是增加他人进行

---

① 蒋坡．知识产权管理［M］．北京：知识产权出版社，2007：101－103．

反向研发的难度和成本，以迫使他人放弃反向研究。签订保密条款，明确泄密的具体责任，有利于后续责任追究。对于故意泄密，还应商定具体的惩罚性赔偿。也可以对该技术秘密进行优化和改进以使其不断升级，既可以更好地满足市场需求，也是一种有效的保密措施，可以降低泄密的风险。当然，技术秘密还可以通过专利、商标或其他知识产权结合来保护，也可以与第三方专业公司或机构合作进行保护。

（3）专利与技术秘密的选择。

通过以上的阐述可知，专利与技术秘密各自具有优势和不足，应根据实际情况，结合技术特性、市场情况、经济实力、现实环境等选择合适的保护模式。但总体来说，专利相较于技术秘密更具有优势。

从获取保护权益来说，专利的独占性对于市场竞争更具有优势。对于外观设计类创新，只能通过专利来进行保护。从获取资金的角度，专利更容易获得融资，也更容易通过运营吸引资金。因此，从获得竞争优势、吸引资金、抢占市场先机、防止泄密等角度，可以考虑将技术秘密转向专利申请。

2. 专利类型选择

我国《专利法》所称的专利包括发明专利、实用新型专利和外观设计专利。《专利法》第二条指出发明是指对产品、方法或者其改进所提出的新的技术方案。实用新型是指对产品的形状、构造或者其结合所提出的适于实用的新的技术方案。外观设计是指对产品的整体或者局部的形状、图案或者其结合以及色彩与形状、图案的结合所作出的富有美感并适于工业应用的新设计。所谓技术方案一般是指为了解决特定的技术问题所采取的技术措施的有序集合。发明专利可以是产品，也可以是方法，或者是产品或方法的改进。实用新型专利只保护产品，外观设计强调的是保护工业外观设计。

发明、实用新型与外观设计在多个方面存在一定差异，其主要包括以下几方面。

（1）保护范围不同。

发明保护范围较广，既可以保护产品，也可以保护方法，实用新型只能保护产品，而外观设计侧重于保护产品外观设计，不涉及产品的实质技术。

（2）审批流程不同。

发明专利需要经过初步审查、公开和实质审查才能获得授权。尤其是实质审查，会对专利的新颖性、创造性、实用性进行严格审查，一旦获得授权，权利要求的稳定性较强。实用新型和外观设计只需要初步审查，认为符合《专利法》要求的，即可获得专利授权，由于未经实质审查，被认定无效的风险较大。

（3）保护期限不同。

新修改的《专利法》第四十二条规定发明专利权的期限为二十年，实用新型专利权的期限为十年，外观设计专利权的期限为十五年，均自申请日起计算。

申请人可以根据发明、实用新型与外观设计这三种类型专利的特点来进行选择。例如，对于保护产品来说，可以选择发明和/或实用新型；对于保护方法来说，只能选择发明；对于保护工业设计，则只能选择外观设计。对于想尽快拿到专利权进行保护的企业来说，就要充分考虑审批流程。发明专利从申请到授权可能要两到三年之久，此时除加快申请外，还可以选择实用新型或外观设计，先取得专利授权，把相关市场率先保护起来。

如果申请人需要兼顾权利要求稳定性，同时也需要快速授权，我国《专利法》允许就同样的发明创造同时申请发明和实用新型专利。发明需要经过实质审查，专利审批流程较慢，但保护期长，一旦授权则权利保护范围较稳定；实用新型专利审批较快，但保护期短，两者同时申请正好可以形成互补。当实用新型先获得专利授权时，可以获得保护，抢占市场先机；当发明授权时，虽然《专利法》第九条第一款规定同样的发明创造只能授予一项专利权，但可以选择放弃实用新型，先获得一定的保护范围和更长的保护期限。

3. 专利布局方式

由于专利是一种公开的信息资源，在准备技术研发或进行专利布局之前，可以通过检索专利数据库，提前了解在技术上有哪些主体已经进行了布局，进行专利预警分析，做到知己知彼，有利于对自身专利布局进行合理规划。

专利布局是指申请人综合考虑行业、市场和法律因素，对专利进行有机整合，涵盖了与公司利益相关的时间、地域、技术和产品等因素，建立起严密有效的专利保护网络，最终形成良好的布局体系结构。

专利布局主要包括以下几种方式①：

（1）路障式布局。

路障式布局是指为了实现某一技术目标，将能采用的一种或几种技术解决方案均申请专利，形成路障式专利的布局模式。路障式布局的优点是申请量不大，申请与维持成本较低。但缺点是容易被竞争者跨越，即竞争者有可能通过回避设计绕过障碍。因此，没有其他较好替代方案，规避设计必须投入大量的人力、物力、财力，竞争者难以绕开的技术解决方案，比较适宜选择路障式布局。

从上述描述可知，该模式较为适合技术领先型企业在阻击申请策略中采用；采用这种模式进行布局的企业须对某特定技术领域的创新状况有比较全面、准确的把握，特别是对竞争者的创新能力有较多的了解和认识。例如，高通公司布局了 CDMA 的基础专利，使得无论是 WCDMA、TD－SCDMA，还是 CDMA2000 的 3G 通信标准，都无法绕开其基础专利这一路障型专利。再如，苹果公司针对手机及电脑触摸技术进行的专利布局，也给竞争者回避其设计设置了很大的障碍。

（2）城墙式布局。

城墙式布局是指为实现某一技术目标，将所采取的所有规避设计方案全部申请专利，申请量通常较大，形成城墙式系列专利的布局模式。城墙式布局可以阻止竞争对手入侵自己的技术领域，并且不给竞争对手任何逃避设计和寻找替代方案的空间，较适用于多种方案可以达到相同或相似效果，并且方案也是数量有限的可申请技术解决方案。

当围绕某一个技术主题有多种不同的技术解决方案，每种方案都能够达到类似的功能和效果时，就可以使用这种布局模式形成一道围墙，以防止竞争者有任何的缝隙可以用来入侵。例如，辉瑞制药有限公司较多采用

---

① 谢顺星，高荣英，瞿卫军. 专利布局浅析［J］. 中国发明与专利，2012（8）：24－29.

城墙式布局，将实现某一治疗目标的所有治疗方案全部申请专利，形成城墙系列布局。

（3）地毯式布局。

地毯式布局是指将实现某一技术目标而采取的所有技术解决方案全部申请专利，形成地毯式全方位的专利网布局模式。采用这种布局，通常前期需要进行充分的专利挖掘，将所能想到的所有解决方案进行系统规划，围绕某一技术主题形成密不透风的专利网，因而能够有效地保护自己的技术，阻止竞争者进入。一旦竞争者进入，可以直接通过专利诉讼等方式将其赶出自己的保护区。但是，由于这种布局的专利量十分巨大，需要大量资金以及研发人力的配合，投入成本非常高，并且对市场需求的研判要十分准确，因此运用难度较大，投入与产出的性价比并不高。

这种专利布局模式比较适合在某一技术领域内拥有较强的研发实力、各种研发方向都有研发成果产生、实力强劲的企业采用，能够实现全面进军，全面领先。一般较适用于专利产出较多的电子或半导体行业，例如，IBM 采用地毯式布局，将实现 ICT 技术的几乎所有技术方案全部申请专利。

（4）丛林式专利布局。

丛林式专利布局围绕基础专利来进行布局，就像大树周围的丛林环绕在基础专利的四周，使得竞争者难以侵入。此种布局可以分成两种情况：一是基础性专利掌握在竞争对手的手中，那么就可以针对该专利技术申请大量的外围专利，用多个外围专利来包围竞争对手的基础专利，就像大树周围的灌木从一样。这样就可以有效地阻遏竞争对手的基础专利向四周拓展，从而极大地削弱对手基础专利的价值。必要的时候，还可以通过与竞争对手的专利交叉许可来换取对手的基础专利的授权。二是基础专利掌握在我们手中，不要忘了在自己的基础专利周围抢先布局丛林专利，把自己的基础专利严密地保护起来，不给对手实施这种专利布局的机会。①

综上所述，专利布局其实并没有固定的模式，应结合实际情况，例如

---

① 梁宏．浅谈企业如何挖掘专利和进行专利布局［J］．中国发明与专利，2015（1）：38－40．

技术研发实力、市场的专利状况、自身的专利状况，综合考虑研发成本、投入、产出等相关因素来进行合理的规划。前文所述的几种布局模式仅仅是几种典型的模式，并没有穷举所有类型。

其实，各种专利布局之间可以进行各种组合或变形，从而形成一个专利防护网。优质的专利防护网应该具有严密、有层次感且性能价格比优越的特点。所谓严密就是密不透风，不给对手以可乘之机；所谓有层次感就是要有战略纵深，形成一个多层次的防护网，富有深度，是立体的而不是扁平的，需要将各种专利布局策略有效地组合起来。优秀的防护网应该有两个功能，一个是能够成为攻击竞争对手的根据地，另一个是能够防护自身的专利技术不受侵犯。①

4. 专利布局区域

确定专利布局区域的主要考虑因素是相对直观的，即要确定市场在哪里。② 一般而言，产品的出口国、制造国和技术许可区都是应申请专利的区域。特别是在模仿和伪造情况很严重的国家，快速申请专利是首选。因此，应有针对性地确定出口国（地区）的清单，并应根据产品的类型和性质选择专利申请的重点地点。当然，在考虑产品的出口国、制造国或技术被许可的地区时，不应该仅考虑当前情况，还应考虑未来的业务扩展情况。从长远来看，欧盟、美国和日本等主要的全球市场都可以申请专利。一旦公司做大做强，就不可避免地要进入这些市场。当然，公司也可以根据特定条件分阶段和分批次确定优先级并实施全球专利布局。

目前，在欧盟、美国和日本进行布局是容易被想到的，而在“一带一路”沿线国家或区域进行布局则是重大的历史机遇。“一带一路”倡议自2013年提出以来，已经成为世界上最受欢迎的全球公共产品和最大规模的国际合作平台。“一带一路”以中国智慧凝心，为世界发展聚力，开启中国与世界良性互动的新模式。在贸易领域，2013—2018年，中国与沿线国家货物贸易进出口总额超过6万亿美元，年均增长率高于同期中国对外贸易增速，占中国对外货物贸易总额的比重达到27.4%，成为拉动世界经济

---

① 王尚杰．浅谈企业专利保护战略［J］．中国科技博览，2018（18）：257.

② 蒋坡．企业知识产权工作指南［M］．北京：知识产权出版社，2017：87－88.

增长的重要引擎。据统计，2013—2018 年，中国企业对沿线国家直接投资超过 900 亿美元，年均增长 5.2%。我国在沿线国家完成对外承包工程营业额超过 4000 亿美元，沿线国家对华直接投资也超过了 400 亿美元。“一带一路”为各国民众带来了更便利的生活条件、更良好的营商环境、更多样的发展机遇。①

2018 年，中国在“一带一路”沿线国家专利授权公告量为 3299 件，同比增长 10.6%，共计进入 17 个国家；在沿线国家专利申请公开量为 6073 件，共进入 19 个国家。2018 年，49 个沿线国家在华有专利授权和申请活动，授权量和申请量分别约为 1.49 万件和 2.23 万件，同比增长 7.8% 和 4.9%。这充分显示出伴随“一带一路”建设走深走实，中国与“一带一路”沿线国家的专利合作取得了长足进步，专利布局成为拉动中国与沿线国家经贸关系深化升级的新动力。②

三、专利布局的数量与质量

1. 专利布局的数量

专利数量从一定程度上反映了企业的创新能力，在日益激烈的市场竞争中，基于一定数量的知识产权进行运营可以促进企业更好地发展。

据国家知识产权局发布的统计数据，2020 年我国发明专利授权 53.0 万件。截至 2020 年年底，我国发明专利有效量为 305.8 万件，其中，国内（不含港澳台）发明专利有效量 221.3 万件，每万人口发明专利拥有量达到 15.8 件，我国企业技术创新主体地位进一步提升。

企业如何积累专利数量，主要有以下几种方式。

一是进行自主创新研发。根据技术优势进行自主研发，这是大多数技术研发公司获得专利的主要渠道。为避免重复进行研发，可在研发之前进行专利导航或预警，同时在研发期间采取安全保密措施。

---

① 国家知识产权战略网. “一带一路”开启中国与世界良性互动的新模式 [EB/OL]. (2019 - 06 - 19) [2019 - 12 - 31]. http://www.nipso.cn/onews.asp? id = 47116.

② 国家知识产权战略网. 中国在“一带一路”沿线国家专利授权实现数量质量双提升 [EB/OL]. (2019 - 08 - 06) [2019 - 12 - 31]. http://www.nipso.cn/onews.asp? id = 47714.

二是进行联合开发。随着技术研发变得越来越复杂、越来越困难，需要更加多样化的人才以及越来越多的研发资金投入，为了更好地完成研发工作并充分发挥各自的优势，可以利用资源互补优势，共同开发获得专利。《专利法》第八条规定，两个以上单位或者个人合作完成的发明创造、一个单位或者个人接受其他单位或者个人委托所完成的发明创造，除另有协议的以外，申请专利的权利属于完成或者共同完成的单位或者个人；申请被批准后，申请的单位或者个人为专利权人。

三是进行技术转移。在当前信息开放和运营繁荣的环境中，专利技术转移已成为快速获取专利的最直接方法之一。技术转移主要包括专利转让、专利许可以及公司合并与收购等方法。技术转移前需进行专利风险调查或尽职调查，以确保合并后公司的专利权有效，并清楚合理地评估和掌握专利的价值。

2. 专利布局的质量

在规划专利布局的过程中，有必要逐步积累足够数量的专利。通常，如果拥有足够数量的专利，则可以支持灵活地制定专利策略。否则，当需要展示专利实力时，将找不到合适的专利。尽管积累专利是必不可少的，但这只是专利运营的第一步。专利数量的简单增加并不一定保证会立即获得利润。

从专利运营的角度来看，公司的愿景不能总是局限于专利数量的增加或减少。相反，它需要在适当的时候跨越累积数量的阶段，进入提高质量的阶段，以实现从数量到质量的转变。专利质量不仅能反映公司的研发实力，而且直接影响着公司的切身利益，例如专利产品市场化的收益。从专利发展的总体情况来看，大多数公司在起步时首先追求专利数量的增加，然后开始关注专利质量的提高。

从专利申请的角度来看，专利质量主要是从技术、法律两个层面进行评估。从技术维度来看，高质量专利就是“占得住关隘”的专利。如果说专利的数量是跑马圈地的话，那么高质量专利就是占住了易守难攻的关隘，尽显地利之势，其可能是基础性的技术入口专利，也可能是承接性的关键节点专利，还可能是前沿性的技术制高点专利。从法律维度来看，高质量专利就是“经得起考验”的专利，专利文件要经得起实质审查、无效宣告请求、侵权诉讼等一系列行政授权确权和民事诉讼程序的检验和推敲。①

具体的专利质量判断方式与专利技术及法律价值评估相似，可参考本书第一章第五节的内容。

第二节　专利布局成本

一、专利布局成本构成

虽然专利能够带来收益和回报，但前提是需要进行成本投入。专利布局的成本主要涉及研发、申请、运营管理等环节中的费用。

1. 研发费用

根据《财政部关于加强企业研发费用财务管理的若干意见》（财企〔2007〕194 号）第一条规定，企业研发费用包括：①研发活动直接消耗的材料、燃料和动力费用；②企业在职研发人员的工资、奖金、津贴、补贴、社会保险费、住房公积金等人工费用以及外聘研发人员的劳务费用；③用于研发活动的仪器、设备、房屋等固定资产的折旧费或租赁费以及相关固定资产的运行维护、维修等费用；④用于研发活动的软件、专利权、非专利技术等无形资产的摊销费用；⑤用于中间试验和产品试制的模具、工艺装备开发及制造费，设备调整及检验费，样品、样机及一般测试手段购置费，试制产品的检验费等；⑥研发成果的论证、评审、验收、评估以及知识产权的申请费、注册费、代理费等费用；⑦通过外包、合作研发等方式，委托其他单位、个人或者与之合作进行研发而支付的费用；⑧与研发活动直接相关的其他费用，包括技术图书资料费、资料翻译费、会议费、差旅费、办公费、外事费、研发人员培训费、培养费、专家咨询费、高新科技研发保险费用等。

① 袁真富．专利经营管理［M］．北京：知识产权出版社，2011：129－133．

2. 申请费用

我国专利申请费用，主要包括以下费用。①

（1）申请费。

申请费的缴纳期限是自申请日起算两个月内或在收到受理通知书之日起15日内。与申请费同时缴纳的费用还包括公布印刷费、申请附加费，要求优先权的，应同时缴纳优先权要求费。未在规定的期限内缴纳或缴足的，专利申请将视为撤回。

说明书（包括附图）页数超过30页或者权利要求超过10项时，需要缴纳申请附加费，金额以超出页数或者项数计算。

优先权要求费的费用金额以要求优先权的项数计算。未在规定的期限内缴纳或缴足的，视为未要求优先权。

（2）发明专利申请实质审查费。

申请人要求实质审查的，应提交实质审查请求书，并缴纳实质审查费。实质审查费的缴纳期限是自申请日（有优先权要求的，自最早的优先权日）起三年内。未在规定的期限内缴纳或缴足的，专利申请视为撤回。

（3）印花税。

按照《中华人民共和国印花税法》及其他相关规定，国家知识产权局代征专利证书印花税。申请人应自收到专利局作出的授予专利权通知书和办理登记手续通知书之日起两个月内缴纳印花税。

（4）复审费。

申请人对专利局的驳回决定不服提出复审的，应提交复审请求书，并缴纳复审费。复审费的缴纳期限是自申请人收到专利局作出驳回申请决定之日起三个月内。未在规定的期限内缴纳或缴足的，复审请求视为未提出。

（5）著录事项变更费等。

著录事项变更费、专利权评价报告请求费、无效宣告请求费的缴纳期限是自提出相应请求之日起一个月内。未在规定的期限内缴纳或缴足的，上述请求视为未提出。

---

① 国家知识产权局. 专利和集成电路布图设计缴费服务指南［EB/OL］.（2021－12－01）［2021－12－31］. https：//www.cnipa.gov.cn/module/download/down.jsp？i_ID＝171803&colID＝1518.

（6）恢复权利请求费。

申请人或专利权人提出恢复权利请求的，应提交恢复权利请求书，并缴纳恢复权利请求费。该项费用的缴纳期限是自当事人收到专利局发出的权利丧失通知之日起两个月内。未在规定的期限内缴纳或缴足的，其权利将不予恢复。

（7）延长期限请求费。

申请人对专利局指定的期限请求延长的，应在原期限届满日之前提交延长期限请求书，并缴纳费用。未在规定的期限内缴纳或缴足的，将不同意延长。

（8）专利文件副本证明费。

办理专利登记簿副本、在先申请文件副本、专利授权文件副本、专利证书副本、专利证书证明、专利登记簿证明（专利批量法律状态证明）、专利授权程序证明、申请人名称变更证明、专利文档查阅复制证明件共9种副本和证明文件前缴纳费用。当事人在办理上述业务时，应先行缴纳费用，随后再提出办理请求。缴纳费用时，除需要填写专利申请号或专利号之外，缴费的收据抬头，应和办理文件副本请求书、专利文档查询复制请求书或办理证明文件请求书中填写的“请求人”名称一致。办理批量专利法律状态证明，缴纳费用时应填写批量专利申请号（或专利号）清单中的第一个号码。

（9）年费。

申请人办理登记手续时，应当缴纳授予专利权当年的年费和印花税。期满未缴纳或未缴足费用的，视为放弃取得专利权。授予专利权当年的年费，应当自申请人收到专利局发出的办理登记手续通知书之日起两个月内缴纳，以后的年费应当在上一年度期满前缴纳。缴费期限届满日是申请日在该年的相应日。

（10）年费滞纳金。

专利权人未按时缴纳授予专利权当年以后的年费或者缴纳的数额不足的，专利权人自应当缴纳年费期满之日起最迟六个月内补缴，同时缴纳滞纳金。缴费时间超过规定缴费时间不足一个月的，不收滞纳金，超过规定缴费时间一个月的，每多超出一个月，加收当年全额年费的5%作为滞纳金，例如，缴费时超过规定缴费时间两个月，滞纳金金额为年费标准值乘以 10%。

首次缴纳年费数额不足，专利权人再次补缴时，应依照实际补缴日所在滞纳金时段内的滞纳金标准，补足应缴纳的全部年费滞纳金。例如，年费滞纳金 5%的缴纳时段为 5 月 5 日至 6 月 5 日，滞纳金为 45 元，但缴费人仅缴纳了 25 元。缴费人在 6 月 7 日补缴滞纳金时，应依照实际缴费日所对应的滞纳期时段的标准 10%缴纳，该时段滞纳金为 90 元，所以缴费人还应补缴滞纳金 65 元。

专利权人因专利权终止办理恢复手续时，年费滞纳金应按当年年费全额的 25%缴纳。

详细的缴费项目及金额请参见国家知识产权局官方网站。

3. 运营管理费

运营管理费主要包括代理费用、交易费用、管理费用等。代理费用是指在寻求专业人士代理专利事务时，支付给专业代理的相关酬劳。专利申请、专利诉讼、复审无效、调查取证、争议仲裁等方面均可以产生代理费用。如果涉及专利技术转移，则会产生交易费用，例如在专利许可、转让等情形中，首先要进行专利评估，调查专利的权利要求保护范围有多大以及是否有效，是否存在风险等，进而商议相关交易的费用。在日常的专利管理过程中，需要进行专利导航、专利预警、专利分析，监控竞争对手的专利状况，这都需要成本费用。

专利的布局需要一定的成本支出，因此如何控制好成本支出，也是每个创新主体或专利运营主体应该了解和掌握的事情。

二、专利布局成本控制

1. 控制研发成本

研发成本是专利布局前期的主要投入，因此，研发成本的控制对于整体布局成本控制至关重要。控制研发成本主要可以采取以下几种方式。

（1）制定合理的研发成本。

首先，明确产品策略，做到谋划准确、周到，然后付诸行动。在开始研发之前，必须明确其产品策略，并为后续生产和运营的产品制订总体计划；需要在自己的资源和未来市场之间进行评估，并考虑是否有足够的资源研发产品，产品投放市场后是否能够实现预期的收益。

其次，加强部门之间的沟通与协作。销售部门与消费者打交道的次数更多，并且对消费者的需求和心理有更好的了解。因此，可以将研发的产品交给销售部门进行评估，或者由销售部门向研发部门提出研发要求。

最后，合理应用目标成本法。目标成本法是一种以市场为导向，对有独立的制造过程的产品进行利润计划和成本管理的方法，对管控研发成本十分有效。企业可以以某一先进的成本水平作为目标成本，这一先进成本可以是企业历史最好的水平，也可以是国内外同类产品中的先进成本。若所研发的产品属于市场上的新产品，企业可以在充分考虑价格因素的基础上，根据事先制定的目标利润和销售预测结果，合理计算得出目标成本。[①]

（2）利用好研发费用加计扣除政策。

从2016年1月1日起，我国放宽享受加计扣除政策的研发活动和费用范围。除规定不宜适用加计扣除的活动和行业外，企业发生的研发支出均可享受加计扣除优惠。在原有基础上，外聘研发人员劳务费、试制产品检验费、专家咨询费及合作或委托研发发生的费用等可按规定纳入加计扣除。允许企业追溯过去3年应扣未扣的研发费用予以加计扣除。简化审核，对加计扣除实行事后备案管理。对可加计扣除的研发费用实行归并核算。[②]

（3）合作开发或收购专利技术。

可以通过合作开发，平摊研发成本；或当回避较高的研发成本时，用较低的成本去收购他人专利，相对来说，研发成本可以得到更好的控制。

2. 控制专利数量

在考虑如何降低专利经营成本时，合理控制专利申请的数量也是行之有效的手段之一，具体措施包括以下几方面。

---

① 韩伟华. 如何确定合理的研发成本？[EB/OL]. (2019-09-06) [2019-12-31]. https://www.dongao.com/scjy/zixun_cjgh/201909061145938.shtml.

② 李克强主持召开国务院常务会议完善研发费用加计扣除政策 推动企业加大研发力度 [J]. 中国科技产业，2015 (10)：9.

（1）避免申请无用的专利。

不要简单地追求专利数量，不要仅仅为了拥有专利而去申请专利。专利申请应面向市场，面向行业或服务于整体专利体系策略。一般而言，申请原则是按需申请，并将专利申请纳入企业的总体发展计划和战略。不应盲目追求申请数量，应根据自己的实际情况做出合理选择，以避免申请无用的专利。

（2）建立专利排名系统。

要建立专利排名制度，通过合理的排名，筛选出不必要的专利申请，从而达到控制专利申请数量的目的。应综合考虑各种因素，优先考虑能够满足自身发展需求或具有市场前景的专利布局，根据客观数据进行论证研究，并在必要时邀请专家或行业资深人士提供专业分析和指导。

（3）将属于一个总的发明构思合并申请。

《专利法》第三十一条规定“属于一个总的发明构思的两项以上的发明或者实用新型，可以作为一件申请提出”，在符合这种特殊情况下，可以将属于一个总的发明构思的数项发明创造合并，作为一件专利申请提出。

（4）选择适当的其他保护方法。

对于一项技术，可以选择技术秘密的形式，以达到控制专利数量的目的。同时，也可以节省相关申请和维持费用。但是还应注意，为了维护其秘密和价值，需要不断维护其秘密性，防范商业间谍活动和一些不诚实的内部员工，这样做可能需要更多的时间和成本。①

3. 减缓申请费用

对于国内申请，2016 年 9 月 1 日起施行的《专利收费减缴办法》的规定，专利申请人或者专利权人可以请求减缴下列专利收费：

①申请费（不包括公布印刷费、申请附加费）；

②发明专利申请实质审查费；

③年费（自授予专利权当年起六年内的年费）；

④复审费。

---

① 袁真富．企业专利经营的成本控制［J］．科技与法律，2009（1）：37.

专利申请人或者专利权人符合下列条件之一的，可以向国家知识产权局请求减缴上述收费：

①上年度月均收入低于3500元（年4.2万元）的个人；

②上年度企业应纳税所得额低于30万元的企业；

③事业单位、社会团体、非营利性科研机构。

两个或者两个以上的个人或者单位为共同专利申请人或者共有专利权人的，应当分别符合前款规定。

专利申请人或者专利权人为个人或者单位的，减缴《专利收费减缴办法》第二条规定收费的85%。

两个或者两个以上的个人或者单位为共同专利申请人或者共有专利权人的，减缴《专利收费减缴办法》第二条规定收费的70%。

为进一步减轻社会负担，促进专利创造保护，根据《财政部 国家发展改革委关于停征、免征和调整部分行政事业性收费有关政策的通知》（财税〔2018〕37号）精神，国家知识产权局于2018年8月1日起停征专利收费（国内部分）中的专利登记费、公告印刷费、著录事项变更费（专利代理机构、代理人委托关系的变更），PCT（《专利合作条约》）专利申请收费（国际阶段部分）中的传送费；对符合条件的申请人，专利年费的减缴期限由自授权当年起6年内，延长至10年内；对符合条件的发明专利申请，在第一次审查意见通知书答复期限届满前（已提交答复意见的除外）主动申请撤回的，允许退还50%的专利申请实质审查费。

同时为贯彻落实党中央、国务院减税降费决策部署，切实减轻社会负担，促进实体经济发展，按照《关于减免部分行政事业性收费有关政策的通知》（财税〔2019〕45号）和《关于降低部分行政事业性收费标准的通知》（发改价格〔2019〕914号）要求，国家知识产权局于2019年7月1日起调整专利收费减缴条件：将《专利收费减缴办法》第三条规定的可以申请减缴专利收费的专利申请人和专利权人条件，由上年度月均收入低于3500元（年4.2万元）的个人，调整为上年度月均收入低于5000元（年6万元）的个人；由上年度企业应纳税所得额低于30万元的企业，调整为上年度企业应纳税所得额低于100万元的企业。

上述办法和规定有效降低了专利申请和维持费用，切实减轻了广大创新主体的经济负担，促进了新技术、新产业、新业态的蓬勃发展，保障和激励大众创业、万众创新，为实施创新驱动发展战略提供了有力支撑。

三、专利维持成本控制

对于专利的维持成本控制，目前主流的方式包括以下几种方式。

第一，可以进行专利审计。当专利累积至一定数量时，企业应当定期对其拥有的专利进行财务层面和技术层面的清点审计，即所谓“专利审计”（Patent audit）。[①] 通过专利审计，可以定期清理一些不必要和无用的专利。通过清理不仅可以放弃某些专利以节省专利维护成本，而且可以通过交易转让一些专利以获得专利维持成本。

第二，应该选择合适维权方式。在专利的有效保护期内，专利运营的一项重要任务就是如何保护权利。在发生侵权事件的情况下，维权会需要较高的成本。选择正确的维权方法可以节省一些经济成本。最好通过谈判解决，谈判解决不了的，可通过行政执法或司法诉讼解决。在通常情况下，使用行政手段处理侵权行为相对来说更加简单、快速且成本较低。

司法诉讼除律师费用外，还需要交纳一定的诉讼费用。2007 年 4 月 1 日起施行的《诉讼费用交纳办法》规定：（1）知识产权民事案件，没有争议金额或者价额的，每件交纳 500 元至 1000 元；有争议金额或者价额的，按照财产案件的标准交纳。（2）财产案件根据诉讼请求的金额或者价额，按照下列比例分段累计交纳：①不超过 1 万元的，每件交纳 50 元；②超过 1 万元至 10 万元的部分，按照 2.5% 交纳；③超过 10 万元至 20 万元的部分，按照 2% 交纳；④超过 20 万元至 50 万元的部分，按照 1.5% 交纳；⑤超过 50 万元至 100 万元的部分，按照 1% 交纳；⑥超过 100 万元至 200 万元的部分，按照 0.9% 交纳；⑦超过 200 万元至 500 万元的部分，按照 0.8% 交纳；⑧超过 500 万元至 1000 万元的部分，按照 0.7% 交纳；⑨超过 1000 万元至 2000 万元的部分，按照 0.6% 交纳；⑩超过 2000 万元的部分，按照 0.5% 交纳。

---

① 袁真富. 专利经营管理［M］. 北京：知识产权出版社，2011：185－191.

第三节 专利密集型产业

一、专利密集型产业概述

随着知识经济和经济全球化的深入发展，知识产权日益成为国家发展的战略性资源和国际竞争力的核心要素。在20世纪80年代，美国和日本等发达国家就通过制定科技创新政策，指导企业发挥知识产权（尤其是专利）的优势作用，极大地推动了国家技术的进步和经济的增长。我国知识产权事业虽然起步较晚，但是发展迅猛，短短三十年时间走过了西方国家数百年的道路。我国政府对知识产权事业的重视程度也日趋提高，在2016年全国人民代表大会和中国人民政治协商会议期间，创新与知识产权渐次被提高到前所未有的重要位置，加快建设知识产权强国等内容首次写入政府工作报告。

建设知识产权强国需要发挥知识产权对经济发展的推动作用。国家知识产权局局长申长雨指出，在当前形势下，知识产权一定要当好“攀枝花”，做好“顶梁柱”，实现与经济社会发展的深度融合，为其提供更有力的支撑。而在此过程中，知识产权密集型产业的发展尤为重要。2014年12月10日，国务院办公厅印发了《深入实施国家知识产权战略行动计划(2014—2020年)》，在“主要目标”中提出“知识产权密集型产业增加值占国内生产总值的比重显著提高”，“主要行动”中“推动知识产权密集型产业发展”位于前列；2015年12月国务院印发的《国务院关于新形势下加快知识产权强国建设的若干意见》中，以“培育知识产权密集型产业”为专项任务，提出了“探索制定知识产权密集型产业目录和发展规划”“引导社会资金投入知识产权密集型产业”“加大政府采购对知识产权密集型产品的支持力度”“试点建设知识产权密集型产业集聚区和知识产权密集型产业产品示范基地”等一系列具体要求。

对于知识产权密集型产业与经济和就业关系，美国、欧盟已经率先进行全面研究，并相继发布了专题报告。2012 年 3 月，美国商务部与经济和统计管理局、美国专利商标局共同撰写和发布了名为《知识产权和美国经济：聚焦产业》（*Intellectual Property and the U. S. Economy*：*Industries in Focus*）的分析报告，报告中将知识产权密集型产业分为专利密集型、商标密集型和版权密集型产业，从这三个方面分析了知识产权密集型产业与美国经济的密切关系。其中对专利密集型、商标密集型和版权密集型分别采用了不同的评价方式以筛选出相应企业，并分析了知识产权情况与就业岗位、进出口、国内生产总值（GDP）等国民经济数据之间的关系。报告指出，2010 年，美国 75 个知识产权密集型产业提供了 4000 万个就业岗位，占美国就业总量的 25% 以上；为美国 GDP 贡献了 5. 06 万亿美元，占 GDP 的 34. 8%；提供了共计 7750 亿美元的出口商品，占美国商品总出口额的 60. 7%。这表明知识产权密集型产业在整个产业经济中具有重要的战略性位置。

2013 年 9 月，欧洲专利局（EPO）和欧盟内部市场协调局（OHIM）联合发布了专题研究报告《知识产权密集型产业对欧盟经济及就业的贡献》（*Intellectual Property Rights Intensive Industries*：*Contribution to Economic Performance and Employment in the European Union*）。该报告是 EPO 与 OHIM 牵头与欧盟委员会有关部门共同开展的专题实证研究成果，是关于知识产权与欧盟经济发展、知识产权在国民经济中作用等方面的重要文献，通过严谨而科学的研究分析，权威而量化地揭示了“知识产权密集型产业”对欧盟 GDP、就业、对外贸易和工资的贡献。报告显示，欧盟所有行业中约 50% 属于知识产权密集型行业，其创造产值约 4. 7 万亿欧元，对欧洲国内生产总值的贡献率达 39%，直接提供的就业岗位占全部就业岗位的 26%，知识产权密集型行业的工资水平较其他行业平均高出 40%。

上述两份报告均显示，知识产权密集型产业已经成为美国和欧盟的国民经济支柱，构成其核心竞争力及重大国家利益。上述报告在国内知识产权界引发了强烈反响，多名专家学者撰文对报告的主要内容进行了介绍和解读，对我国开展相关研究的可行性进行分析。

同济大学姜南、单晓光[①]对上述美国报告的内容进行了概述，介绍了美国报告中的主要结论，并对报告的意义进行了简要评价；中国人民大学经济学院顾海兵[②]、江苏大学赵喜仓、刘丹[③]主要介绍了上述美国报告中对专利密集型、商标密集型和版权密集型行业的判断标准，并基于上述方法所采用数据类型分析在我国开展相关研究的可行性，认为我国相关专利和经济数据同样能够获取，可以借鉴美国商务部的方法开展相关研究。

姜南、单晓光[④]等所作的论文《知识产权密集型产业对中国经济的贡献研究》研究了中国知识产权密集型产业的构建方法，对2008—2011年逐年的产业专利密度进行了计算和排序，对中国知识产权密集型产业进行认定，并分析其总体上对国民经济的贡献情况，并与美国和欧盟进行了对比。

国家知识产权局规划发展司李凤新[⑤]等采取与上述美国报告相同的判断标准，对中国产业专利密集度进行统计排序，确定高专利密集度产业，并对高专利密集度产业与就业贡献、国内生产总值、固定资产投资、劳动者报酬等多项指标之间的关系进行了分析。上述报告认为我国专利密集型产业主要包括医药制造业、专用设备制造业、电气机械及器材制造业、通信设备、计算机及其他电子设备制造业、仪器仪表及文化、办公用机械制造业、通用设备制造业等，这些专利密集型产业对中国GDP的贡献率在10%左右。

专利密集型产业一方面专利密集，产业前景光明；另一方面便于引入大量社会资金，为专利运营提供了天然优势。笔者认为，围绕专利密集型

---

① 姜南，单晓光．知识产权密集型产业对经济发展的推动作用：《知识产权与美国经济：产业聚焦》报告简评［J］．科技与法律，2012（05）：75－79．

② 顾海兵，陈芳芳，孙挺．美国知识产权密集型产业的特点及对我国的启示：基于美国商务部的官方报告［J］．南京社会科学，2012（11）：9－13．

③ 赵喜仓，刘丹．美国知识产权密集型产业测度方法研究［J］．江苏大学学报（社会科学版），2013，15（4）：85－89．

④ 姜南，单晓光．知识产权密集型产业对中国经济的贡献研究［J］．科学学研究，2014，32（08）：1157－1165．

⑤ 李凤新，刘磊，倪苹．中国产业专利密集度统计报告［J］．科学观察，2014，9（01）：7－24．

产业进行专利运营，是推进专利运营的一个非常好的入口。例如在2019年，南京8家市知识产权运营中心围绕集成电路、智能制造、网络与通信、生物医药、新材料等专利密集型产业领域推进知识产权运营交易工作。①

二、专利密集型产业目录

1. 国家专利密集型产业目录

2016年，根据《国务院关于新形势下加快知识产权强国建设的若干意见》（国发〔2015〕71号），在征求相关部门、专家学者意见建议的基础上，国家知识产权局研究制定《专利密集型产业目录（2016）》（试行）。

《专利密集型产业目录（2016）》（试行）（见表2-1）包括8大产业，涵盖48个国民经济中类行业，其对应国民经济行业分类（GB/T 4754—2011）的中类条目（三位码），将国民经济产业与专利进行了对应匹配，更好地促进了专利对产业的保驾护航作用。《专利密集型产业目录（2016）》（试行）包含的产业具备较为明显的专利优势，依赖技术创新与知识产权参与市场竞争，其发布有利于更好地引导社会资源的投向，并可作为有关部门及地方开展专利密集型产业培育工作的重要依据。

表2-1　专利密集型产业目录

专利密集型产业分类名称	国民经济行业代码	国民经济行业名称
一、信息基础产业	391	计算机制造
	392	通信设备制造
	393	广播电视设备制造
	394	雷达及配套设备制造
	396	电子器件制造

① 南京市人民政府网. 8家市知识产权运营中心获授牌［EB/OL］.（2019-12-24）［2019-12-31］. http://www.nanjing.gov.cn/njxx/201912/t20191224_1752410.html.

续表

专利密集型产业分类名称	国民经济行业代码	国民经济行业名称
二、软件和信息技术服务业	651	软件开发
	652	信息系统集成服务
	653	信息技术咨询服务
	654	数据处理和存储服务
	655	集成电路设计
	659	其他信息技术服务业
三、现代交通装备产业	361	汽车整车制造
	366	汽车零部件及配件制造
	371	铁路运输设备制造
	374	航空、航天器及设备制造
四、智能制造装备产业	342	金属加工机械制造
	343	物料搬运设备制造
	351	采矿、冶金、建筑专用设备制造
	354	印刷、制药、日化及日用品生产专用设备制造
	355	纺织、服装和皮革加工专用设备制造
	356	电子和电工机械专用设备制造
	357	农、林、牧、渔专用机械制造
五、生物医药产业	271	化学药品原料药制造
	272	化学药品制剂制造
	273	中药饮片加工
	274	中成药生产
	276	生物药品制造
	358	医疗仪器设备及器械制造
	404	光学仪器及眼镜制造
六、新型功能材料产业	261	基础化学原料制造
	263	农药制造
	264	涂料、油墨、颜料及类似产品制造
	265	合成材料制造
	266	专用化学产品制造
	268	日用化学产品制造

续表

专利密集型产业分类名称	国民经济行业代码	国民经济行业名称
七、高效节能环保产业	341	锅炉及原动设备制造
	344	泵、阀门、压缩机及类似机械制造
	346	烘炉、风机、衡器、包装等设备制造
	352	化工、木材、非金属加工专用设备制造
	359	环保、社会公共服务及其他专用设备制造
	382	输配电及控制设备制造
	384	电池制造
	387	照明器具制造
	401	通用仪器仪表制造
	402	专用仪器仪表制造
八、资源循环利用产业	336	金属表面处理及热处理加工
	462	污水处理及其再生利用
	469	其他水的处理、利用与分配

资料来源：国家知识产权局网站。

2019 年 4 月，为科学界定知识产权（专利）密集型产业统计范围，建立知识产权（专利）密集型产业统计监测体系，更好地服务于知识产权强国建设，根据《国务院关于印发“十三五”国家知识产权保护和运用规划的通知》（国发〔2016〕86 号）、《国务院关于新形势下加快知识产权强国建设的若干意见》（国发〔2015〕71 号）和《国务院办公厅关于转发知识产权局等单位深入实施国家知识产权战略行动计划（2014—2020 年）的通知》（国办发〔2014〕64 号）中有关知识产权密集型产业的发展要求，以《国民经济行业分类》（GB/T 4754—2017）为基础，国家统计局制定并公布了《知识产权（专利）密集型产业统计分类（2019）》。

《知识产权（专利）密集型产业统计分类（2019）》（见表 2－2）包括 31 个中类产业，涵盖 188 个国民经济行业小类，其对应国民经济行业分类（GB/T 4754—2017）的小类条目（四位码），更好地推动创新发展，同时也为专利运营提供了明确导向。可重点围绕《知识产权（专利）密集型产业统计分类（2019）》涉及的产业进行运营。

表 2-2　知识产权（专利）密集型产业统计分类

大类	中类	分类名称	国民经济行业代码	国民经济行业名称
01		**信息通信技术制造业**		
	0101	通信设备、雷达及配套设备制造	3921	通信系统设备制造
			3922	通信终端设备制造
			3940	雷达及配套设备制造
	0102	计算机制造	3913	计算机外围设备制造
			3914	工业控制计算机及系统制造
			3915	信息安全设备制造
			3919	其他计算机制造
	0103	广播电视设备制造	3931	广播电视节目制作及发射设备制造
			3932	广播电视接收设备制造
			3933	广播电视专用配件制造
			3934	专业音响设备制造
	0104	电子器件制造	3971	电子真空器件制造
			3972	半导体分立器件制造
			3973	集成电路制造
			3974	显示器件制造
			3975	半导体照明器件制造
			3976	光电子器件制造
			3979	其他电子器件制造
	0105	电子元件及电子专用材料制造	3981	电阻电容电感元件制造
			3982	电子电路制造
			3983	敏感元件及传感器制造
			3984	电声器件及零件制造
			3985	电子专用材料制造
			3989	其他电子元件制造

续表

大类	中类	分类名称	国民经济行业代码	国民经济行业名称
01	0106	电子专用设备制造	3562	半导体器件专用设备制造
			3563	电子元器件与机电组件设备制造
			3569	其他电子专用设备制造
	0107	智能消费设备制造	3961	可穿戴智能设备制造
			3962	智能车载设备制造
			3963	智能无人飞行器制造
			3964	服务消费机器人制造
			3969	其他智能消费设备制造
	0108	其他电子设备制造	3990	其他电子设备制造
02		**信息通信技术服务业**		
	0201	通信和卫星传输	6312	移动电信服务
			6331	广播电视卫星传输服务
			6339	其他卫星传输服务
	0202	互联网服务	6421	互联网搜索服务
			6422	互联网游戏服务
			6429	互联网其他信息服务
			6431	互联网生产服务平台
			6432	互联网生活服务平台
			6433	互联网科技创新平台
			6434	互联网公共服务平台
			6439	其他互联网平台
			6440	互联网安全服务
			6450	互联网数据服务
	0203	软件开发	6511	基础软件开发
			6512	支撑软件开发
			6513	应用软件开发
			6519	其他软件开发
	0204	信息技术服务	6550	信息处理和存储支持服务
			6571	地理遥感信息服务
			6572	动漫、游戏数字内容服务
			6579	其他数字内容服务

续表

大类	中类	分类名称	国民经济行业代码	国民经济行业名称
03		**新装备制造业**		
	0301	通用设备制造	3411	锅炉及辅助设备制造
			3412	内燃机及配件制造
			3419	其他原动设备制造
			3421	金属切削机床制造
			3422	金属成形机床制造
			3423	铸造机械制造
			3424	金属切割及焊接设备制造
			3425	机床功能部件及附件制造
			3429	其他金属加工机械制造
			3431	轻小型起重设备制造
			3432	生产专用起重机制造
			3434	连续搬运设备制造
			3441	泵及真空设备制造
			3442	气体压缩机械制造
			3443	阀门和旋塞制造
			3444	液压动力机械及元件制造
			3445	液力动力机械及元件制造
			3446	气压动力机械及元件制造
			3459	其他传动部件制造
			3461	烘炉、熔炉及电炉制造
			3463	气体、液体分离及纯净设备制造
			3464	制冷、空调设备制造
			3466	喷枪及类似器具制造
			3467	包装专用设备制造
			3474	复印和胶印设备制造
			3491	工业机器人制造
			3492	特殊作业机器人制造
			3493	增材制造装备制造
			3499	其他未列明通用设备制造业

续表

大类	中类	分类名称	国民经济行业代码	国民经济行业名称
03	0302	专用设备制造	3511	矿山机械制造
			3515	建筑材料生产专用机械制造
			3516	冶金专用设备制造
			3521	炼油、化工生产专用设备制造
			3523	塑料加工专用设备制造
			3529	其他非金属加工专用设备制造
			3531	食品、酒、饮料及茶生产专用设备制造
			3532	农副食品加工专用设备制造
			3542	印刷专用设备制造
			3544	制药专用设备制造
			3551	纺织专用设备制造
			3572	机械化农业及园艺机具制造
			3596	交通安全、管制及类似专用设备制造
			3597	水资源专用机械制造
			3599	其他专用设备制造
	0303	航空、航天器及设备制造	3741	飞机制造
			3742	航天器及运载火箭制造
			3743	航天相关设备制造
			3744	航空相关设备制造
			3749	其他航空航天器制造
	0304	汽车与轨道设备制造	3630	改装汽车制造
			3670	汽车零部件及配件制造
			3714	高铁设备、配件制造
			3716	铁路专用设备及器材、配件制造
	0305	电气设备制造	3812	电动机制造
			3821	变压器、整流器和电感器制造
			3823	配电开关控制设备制造
			3824	电力电子元器件制造
			3825	光伏设备及元器件制造
			3829	其他输配电及控制设备制造

续表

大类	中类	分类名称	国民经济行业代码	国民经济行业名称
03	0305	电气设备制造	3832	光纤制造
			3833	光缆制造
			3841	锂离子电池制造
			3844	锌锰电池制造
			3849	其他电池制造
			3871	电光源制造
			3874	智能照明器具制造
			3879	灯用电器附件及其他照明器具制造
			3891	电气信号设备装置制造
	0306	仪器仪表设备制造	4011	工业自动控制系统装置制造
			4012	电工仪器仪表制造
			4013	绘图、计算及测量仪器制造
			4014	实验分析仪器制造
			4015	试验机制造
			4023	导航、测绘、气象及海洋专用仪器制造
			4025	地质勘探和地震专用仪器制造
			4026	教学专用仪器制造
			4028	电子测量仪器制造
			4029	其他专用仪器制造
			4040	光学仪器制造
	0307	其他装备制造	3351	建筑、家具用金属配件制造
			3737	海洋工程装备制造
04		**新材料制造业**		
	0401	金属材料制造	3240	有色金属合金制造
	0402	非金属材料制造	3051	技术玻璃制品制造
			3073	特种陶瓷制品制造
	0403	化学原料及化学制品制造	2612	无机碱制造
			2613	无机盐制造
			2614	有机化学原料制造
			2619	其他基础化学原料制造

续表

大类	中类	分类名称	国民经济行业代码	国民经济行业名称
04	0403	化学原料及化学制品制造	2624	复混肥料制造
			2631	化学农药制造
			2632	生物化学农药及微生物农药制造
			2641	涂料制造
			2642	油墨及类似产品制造
			2645	染料制造
			2651	初级形态塑料及合成树脂制造
			2659	其他合成材料制造
			2661	化学试剂和助剂制造
			2662	专项化学用品制造
			2663	林产化学产品制造
			2669	其他专用化学产品制造
			2682	化妆品制造
			2684	香料、香精制造
	0404	化学纤维制造	2829	其他合成纤维制造
05		**医药医疗产业**		
	0501	医药制造业	2710	化学药品原料药制造
			2720	化学药品制剂制造
			2730	中药饮片加工
			2740	中成药生产
			2750	兽用药品制造
			2761	生物药品制造
			2762	基因工程药物和疫苗制造
			2770	卫生材料及医药用品制造
			2780	药用辅料及包装材料制造
	0502	医疗设备制造	3581	医疗诊断、监护及治疗设备制造
			3584	医疗、外科及兽医用器械制造
			3585	机械治疗及病房护理设备制造
			3586	康复辅具制造
			3589	其他医疗设备及器械制造

续表

大类	中类	分类名称	国民经济行业代码	国民经济行业名称
06		**环保产业**		
	0601	环保专用设备仪器制造业	3591	环境保护专用设备制造
			4021	环境监测专用仪器仪表制造
	0602	环境污染处理专用药剂材料制造	2666	环境污染处理专用药剂材料制造
	0603	环保相关活动	3360	金属表面处理及热处理加工
			4620	污水处理及其再生利用
07		**研发、设计和技术服务业**		
	0701	研究和试验发展服务	7310	自然科学研究和试验发展
			7320	工程和技术研究和试验发展
			7340	医学研究和试验发展
	0702	专业化设计服务	7491	工业设计服务
			7492	专业设计服务
	0703	技术推广服务	7512	生物技术推广服务
			7513	新材料技术推广服务
			7514	节能技术推广服务
			7515	新能源技术推广服务
			7516	环保技术推广服务
			7517	三维（3D）打印技术推广服务
			7519	其他技术推广服务

资料来源：国家统计局网站。

为落实《“十三五”国家知识产权保护与运用规划》关于“加强专利活动与经济效益之间的关联评价”的要求，促进专利与产业发展相结合的创新驱动发展评价工作的顺利开展，实现专利与产业的对接，国家知识产权局制定了《国际专利分类与国民经济行业分类参照关系表（2018）》①。

该参照关系表建立了专利与国民经济行业的映射关系，为专利的行业分类提供直接对照，有助于从产业角度出发结合科技、经济数据开展相关

① 国家知识产权局．关于印发《国际专利分类与国民经济行业分类参照关系表（2018）》的通知［EB/OL］.（2018-10-08）［2019-12-31］. http：//www. cnipa. gov. cn/gztz/1132609. htm.

统计分析。国民经济行业分类采用经济活动的同质性原则划分行业类别，规定了全社会经济活动的分类与代码，用于对照的分类表版本为 GB/T 4754－2017。结合该参照关系表可对《知识产权（专利）密集型产业统计分类（2019）》的相应产业进行专利分析，从而进行专利筛选与运营。

2. 地区专利密集型产业目录

（1）江苏省。

2016 年 12 月，江苏省专利信息服务中心在南京发布《江苏省知识产权密集型产业统计报告》，公布了江苏省知识产权密集型产业目录，分析了江苏省知识产权（专利）密集型产业对经济科技贡献情况，表 2－3 节选了其中与专利密集型产业相关的内容。

表 2－3　江苏省专利密集型产业目录

序号	国民经济行业代码	国民经济行业名称
1	371	铁路运输设备制造
2	356	电子和电工机械专用设备制造
3	276	生物药品制造
4	342	金属加工机械制造
5	358	医疗仪器设备及器械制造
6	401	通用仪器仪表制造
7	271	化学药品原料药制造
8	359	环保、社会公共服务及其他专用设备制造
9	355	纺织、服装和皮革加工专用设备制造
10	385	家用电力器具制造
11	263	农药制造
12	272	化学药品制剂制造
13	352	化工、木材、非金属加工专用设备制造
14	324	有色金属合金制造
15	266	专用化学产品制造
16	264	涂料、油墨、颜料及类似产品制造
17	351	采矿、冶金、建筑专用设备制造

续表

序号	国民经济行业代码	国民经济行业名称
18	341	锅炉及原动设备制造
19	382	输配电及控制设备制造
20	402	专用仪器仪表制造
21	346	烘炉、风机、衡器、包装等设备制造
22	343	物料搬运设备制造
23	393	广播电视设备制造
24	222	造纸
25	265	合成材料制造
26	261	基础化学原料制造
27	333	集装箱及金属包装容器制造
28	381	电机制造
29	396	电子器件制造
30	344	泵、阀门、压缩机及类似机械制造
31	383	电线、电缆、光缆及电工器材制造
32	366	汽车零部件及配件制造
33	397	电子元件制造

（2）广东省。

2018 年 4 月，国家知识产权局专利局专利审查协作广东中心承担了 2017 年度软科学研究计划项目《广东省知识产权密集型产业目录和发展规划研究》，并公布了广东省知识产权密集型产业目录，分析了广东省知识产权密集型产业对经济科技贡献情况，表 2－4 节选了其中与专利密集型产业相关的内容。

表 2－4　广东省专利密集型产业目录

专利密集型产业分类名称	国民经济行业代码	国民经济行业名称
一、信息基础产业	392	通信设备制造
	391	计算机制造
	396	电子器件制造
	399	其他电子设备制造

续表

专利密集型产业分类名称	国民经济行业代码	国民经济行业名称
二、高效节能环保产业	346	烘炉、风机、衡器、包装等设备制造
	352	化工、木材、非金属加工专用设备制造
	382	输配电及控制设备制造
	387	照明器具制造
	384	电池制造
	442	电力供应
	381	电机制造
三、新型功能材料产业	307	陶瓷制品制造
	268	日用化学产品制造
	291	橡胶制品业
	305	玻璃制品制造
	264	涂料、油墨、颜料及类似产品制造
	331	结构性金属制品制造
	335	建筑、安全用金属制品制造
	303	砖瓦、石材等建筑材料制造
	339	其他金属制品制造
	292	塑料制品业
四、文化创意产业	395	视听设备制造
	347	文化、办公用机械制造
五、现代交通装备产业	366	汽车零部件及配件制造

三、专利密集型产业经济分析

1. 江苏省

专利密集型产业属于知识产权密集型产业，《江苏省知识产权密集型产业统计报告》表明江苏省的知识产权（专利）密集型产业具有以下特点。

（1）对经济贡献大。

江苏省知识产权密集型产业具有产出效率高、对经济贡献大的特点。2015 年，其以 14.44% 的就业创造了 31.75% 的 GDP。

（2）创新投入大。

2015 年，专利商标密集型产业研发经费内部支出占主营业务收入的比重是非专利商标密集型产业研发经费内部支出占主营业务收入的比重的 1.69 倍。

（3）创新产出高。

2015 年，江苏省专利商标密集型产业新产品销售收入为 15226.16 亿元，占全部规模以上工业企业新产品销售收入的比重达到 62.28%；非专利商标密集型产业新产品销售收入为 9220.78 亿元，占全部规模以上工业企业新产品销售收入的比重为 37.72%。全省 50 个专利商标密集型产业平均新产品销售收入为 305 亿元，是 151 个非专利商标密集型产业平均新产品销售收入的 4.99 倍。

（4）对出口贡献大。

2015 年，江苏省专利商标密集型产业出口交货值达到 11626.81 亿元，占全部规模以上工业企业出口交货值的比重达到 50.1%。全省 50 个专利商标密集型产业平均出口交货值为 233 亿元，是 151 个非专利商标密集型产业平均出口交货值的 3.03 倍。

2. 广东省

审协广东中心联合广东省统计局，对广东省各重点产业的专利数据和综合经济指标（GDP、就业等）进行了全面检索和分析，编制了广东省第一版知识产权（专利）密集型产业目录。规划了广东省 6 大知识产权（专利）密集型产业集群、36 个知识产权（专利）密集型产业类目。当好“攀枝花”，做好“顶梁柱”，实现与经济社会发展的深度融合，为其提供更有力的支撑成为明确的发展目标。该项目获评国家知识产权局第十届全国知识产权优秀调查研究报告暨优秀软课题研究成果。

《广东省知识产权（专利）密集型产业目录和发展规划研究》表明广东省的知识产权（专利）密集型产业具有以下特点。

（1）专利密集型产业创新活跃。

2015 年，专利密集型产业研发经费内部支出占主营业务收入的比重是非专利密集型产业研发经费内部支出占主营业务收入的比重的 1.89 倍，可见专利密集型产业中的研发活动更为活跃，创新活力更强。

（2）专利密集型产业GDP产出效率高。

2011—2015年，24个专利密集型产业国民经济GDP贡献率一直保持16.5%左右，而177个非专利密集型产业的占比则逐年下滑，2015年降至24.97%。专利密集型产业平均的国民经济GDP贡献率约为非专利密集型产业的4.6倍，优势明显，且势头良好。

2011—2015年，专利密集型产业对工业GDP的贡献率逐年增长，至2015年达到约40%，而非专利密集型产业的贡献率则逐年下滑。专利密集型产业平均的工业GDP贡献率明显高于非专利密集型产业，约为后者的4.5倍，占比相对稳定，且呈逐年小幅增长趋势。

2011—2015年，专利密集型产业的GDP增长贡献率同样高于非专利密集型产业，且专利密集型产业平均的GDP增长贡献率约为非专利密集型产业的16.6倍，可见专利密集型产业对GDP增长的拉动效应明显大于非专利密集型产业。

（3）专利密集型产业劳动就业贡献高。

2011—2015年，24个专利密集型产业就业贡献率非常稳定，维持在9.3%左右。而177个非专利密集型产业数据则呈逐年下滑趋势，每年下滑约1%。专利密集型产业的平均就业贡献率明显高于非专利密集型产业，约为后者的4.9倍。

2011—2015年，专利密集型产业的劳动生产率均值约为18.5万元/人，明显高于社会平均劳动生产率均值（约为10.3万元/人），同样也高于非专利密集型产业的劳动生产率均值（约为17.6万元/人）。

3. 全国

2020年3月13日，国家知识产权局、国家统计局发布的联合公告显示，2018年，全国专利密集型产业增加值为107090亿元，占国内生产总值（GDP）的比重为11.6%。这是我国首次正式发布全国专利密集型产业增加值数据，标志着我国专利密集型产业增加值核算与发布机制正式建立。我国专利密集型产业按照经济活动性质分为七大类，具体来看，新装备制造业增加值为32833亿元，占专利密集型产业增加值的比重最高，为30.7%；信息通信技术制造业增加值为21551亿元，所占比重为20.1%；信息通信技术服务业增加值为19472亿元，所占比重为18.2%；新材料制造业增加值为 14130 亿元，所占比重为 13. 2%；医药医疗产业增加值为 9465 亿元，所占比重为 8. 8%；研发、设计和技术服务业增加值为 7215 亿元，所占比重为 6. 7%；环保产业增加值为 2424 亿元，所占比重为 2. 3%。当前，新一轮科技和产业革命变革发展背景下，与传统的劳动、资本等要素相比，知识产权作为生产要素在经济发展中发挥着越来越重要的作用，发达国家更加注重发挥知识产权对经济发展的引领作用。美国、欧盟相关研究显示，知识产权密集型产业是驱动经济增长并保持经济竞争优势的重要因素，未来经济社会发展，很大程度上必须依赖知识产权密集型产业。此次发布的增加值数据表明，专利密集型产业是我国经济增长的重要支撑力量，为促进经济高质量发展提供了强劲动力。①

四、专利密集型产业运营规划

专利密集型产业对于国民经济发展起到了积极的正向拉动作用，对国民经济的贡献效率、销售收入、出口交货值等方面明显高于非专利密集型产业，因此围绕专利密集型产业进行专利运营，提前布局是日后谋取利益的有效途径之一。

首先，可以围绕国家和地方公布的《专利密集型产业目录》进行专利布局。其次，紧贴发展战略要求，进一步加强对潜在专利密集型产业的专利布局。目前无论是国家层面还是各地方层面，专利密集型产业目录的占比不高，可以围绕国家或地区的经济社会发展战略需求，结合国家或地区产业发展现状和专利发展实际，明确若干重点培育领域，重点布局潜在专利密集型产业。最后，遵照政府指导性政策，对国家或地区政策涉及产业进行重点布局，例如广东省的专利密集型产业中，暂时没有与医疗、生物技术领域直接相关的产业，“医疗仪器设备及器械制造”“生物药品制造”等产业目前在广东省都属于非专利密集型产业，专利布局与产业地位不相

① 国家知识产权局、国家统计局发布联合公告显示：2018 年全国专利密集型产业增加值占 GDP 比重为 11. 6%［EB/OL］.（2020 -03 -13）［2020 -03 -20］. http：//www. cnipa. gov. cn/zscqgz/1146679. htm.

匹配。欧盟的专利密集型产业集中在医药产品、生物技术、医疗设备等，其中专利密集型产业贡献了15%的欧盟总经济产出。“生物产业”属于国家战略新兴产业的七个领域之一，“健康产业”属于国家知识产权重点支持产业。广东省已着力将生物医药产业打造成为专利密集型产业，提出了《广州市加快IAB产业发展五年行动计划（2018—2022年）》等。因此，提前对医疗、生物技术领域进行布局运营，有利于抢占广东地区的医疗、生物技术市场，为日后的专利运营打下坚实的基础。

第三章

运用型专利运营

第一节 专利转让

一、专利转让概述

专利转让是指专利申请权和专利权所有人将专利申请权和专利权转让给他人的一种法律行为。我国《专利法》第十条规定，专利申请权和专利权可以转让。中国单位或者个人向外国人、外国企业或者外国其他组织转让专利申请权或者专利权的，应当依照有关法律、行政法规的规定办理手续。转让专利申请权或者专利权的，当事人应当订立书面合同，并向国务院专利行政部门登记，由国务院专利行政部门予以公告。专利申请权或者专利权的转让自登记之日起生效。一旦转让后，除非获得新权利人（即受让方）的许可，原权利人即失去了所有的权利，包括实施、许可、质押等权利。

专利转让行为的实质是改变专利所有权的行为。专利转让既可以转让专利申请权，也可以转让专利权，前者仅转让已提交且通常将要获得专利权的专利申请，而后者则转让的是已获得的专利权。从转让形式的角度来看，专利转让包括标价转让、合同转让、拍卖等。目前，专利转让流程比较完备，均通过签订书面合同并在专利行政部门登记备案。①

2017 年 9 月，国务院发布的《国家技术转移体系建设方案》提出②：促进产学研协同技术转移。发挥国家技术创新中心、制造业创新中心等平台载体作用，推动重大关键技术转移扩散。依托企业、高校、科研院所建

---

① 周胜生，高可，饶刚，等. 专利运营之道［M］. 北京：知识产权出版社，2016：39.

② 国务院关于印发国家技术转移体系建设方案的通知［EB/OL］. 中国政府网，2017 - 09 - 26［2019 - 12 - 31］. http：//www. gov. cn/zhengce/content/2017 - 09/26/content_5227667. htm.

设一批聚焦细分领域的科技成果中试、熟化基地，推广技术成熟度评价，促进技术成果规模化应用。支持企业牵头会同高校、科研院所等共建产业技术创新战略联盟，以技术交叉许可、建立专利池等方式促进技术转移扩散。加快发展新型研发机构，探索共性技术研发和技术转移的新机制。充分发挥学会、行业协会、研究会等科技社团的优势，依托产学研协同共同体推动技术转移。

2011—2020 年，我国专利转让次数如图 3－1 所示。“十二五”时期和“十三五”时期，我国专利分别转让 42.8 万次和 122.3 万次，“十三五”时期比“十二五”时期增加 79.5 万次，增幅达到 186%，专利转让活动整体较活跃。“十三五”时期，专利转让次数年平均增长率为 26%，除 2018 年外，其他各年均呈快速增长态势，其中 2017 年专利转让次数增长率最高，达到 44%，2020 年专利转让次数增加最多，达到 9 万次。

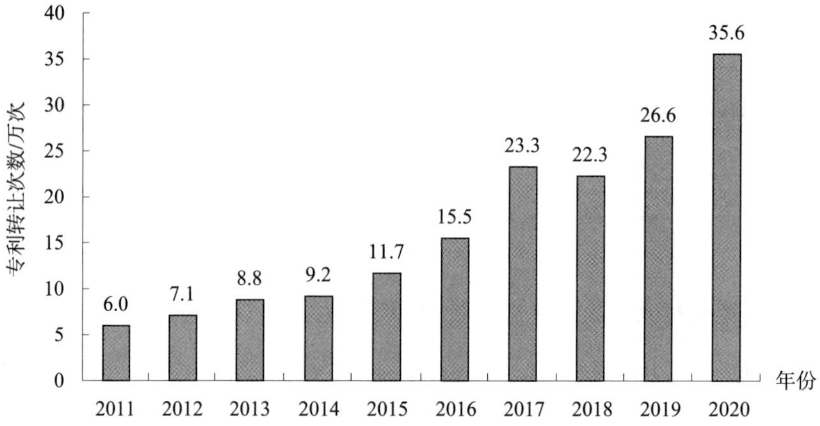

图 3－1　2011—2020 年我国专利转让次数①

从专利转让涉及的专利类型构成来看，“十三五”时期，发明专利转让次数为 72 万次，占比 59%；实用新型为 41.9 万次，占比 34%；外观设计为 8.4 万次，占比 7%。发明专利是专利转让活动的主要专利类型，由于发明专利授权需要经过实质审查，权利要求的稳定性远高于实用新型和

① 雷筱云，诸敏刚．中国知识产权运营年度报告（2020）［M］．北京：知识产权出版社，2021：204－205.

外观设计，因此专利运营市场更青睐发明专利。

专利转让活动的活跃，得益于“1 +2 +20 + N”的知识产权运营服务体系。自 2014 年以来，国家知识产权局会同财政部以市场化方式开展知识产权运营服务试点，确定在北京建设全国知识产权运营公共服务平台，在西安、珠海建设两大特色试点平台，并通过股权投资重点扶持20 家知识产权运营机构，示范带动全国知识产权运营服务机构快速发展。

同时，在“1 +2 +20 + N”的知识产权运营服务体系中，国家知识产权局扶持了 10 个省份的知识产权运营机构，引导 10 个省份设立重点产业知识产权运营基金，支持 4 个省份设立知识产权质押融资风险补偿基金，并在 16 个城市开展了知识产权运营体系建设试点，有效促进了知识产权与创新资源、产业发展、金融资本融合，大大推动了我国本土专利转让活动的开展。

二、专利转让主要形式

1. 合同转让

合同转让是获取目标专利的重要途径之一，很多企业通过这种方式获取有利于企业发展的专利。专利转让合同通常包括如下主要内容[①]：①项目名称，应载明某项发明、实用新型或外观设计专利权转让合同；②发明创造的名称和内容，应当采用简洁明了的专业术语，准确、概括地表达发明创造的名称、所属的专业技术领域、现有技术的状况和本发明创造的实质性特征；③专利申请日、专利号、申请号和专利权的有效期限；④专利实施和实施许可情况，有些专利权转让合同是在转让方或与第三方订立了专利实施许可合同之后订立的，这种情况应载明转让方是否继续实施已订立的专利实施许可合同，实施许可合同的权利义务如何转移等；⑤技术情报资料清单，至少应包括发明说明书、附图以及技术领域一般专业技术人员能够实施发明创造所必需的其他技术资料；⑥价款及支付方式；⑦违约金或损失赔偿额的计算方法；⑧争议的解决办法。当事人同意就合同争议进行

① 王旭东，等. 知识经济全书［M］. 北京：中国经济出版社，1998：428.

仲裁的，应在合同中明确仲裁机构，该条款具有排除司法管辖的效力。

例如，深圳市腾讯计算机系统有限公司（以下简称腾讯）就通过合同转让方式取得了即时通信的基础专利。2006 年 9 月，专利申请人向国家知识产权局申请了申请号为 200610116632. X 的发明专利，其名称为“一种基于或囊括手机电话本的即时通信方法和系统”，该发明于 2011 年 5 月 18 日获得授权。其中公开了一种基于或囊括手机电话本的即时通信方法和系统，主要技术方案为：通过客户端将用户的手机号、手机标识信息同步至服务器，并以两者的对应关系在服务器端建立用户基本信息表，用作用户注册以及允许用户是否合法登录的依据。将手机电话本导入客户端数据存储单元，或建立起二者的映射关系，使电话本成为即时通信联系人列表，即时通信系统中的联系人基于电话本中的用户并进行转化，以手机号或与手机号对应的生成 ID 为即时通信 ID，用户之间通过手机号码进行关联，可将用户状态通知给电话本联系人，用户基于≥2. 5G 的无线网络进行即时通信。

2011 年 1 月，腾讯推出即时通信软件“微信”。2012 年 4 月 4 日，腾讯通过合同转让的方式从赵建文处获得“一种基于或囊括手机电话本的即时通信方法和系统”专利。此后，随着即时通信软件迅速普及，腾讯在拥有大量用户的同时，也获得了巨额利润。①

从专利转让和运营的角度看，微信基础专利原专利权人没有获得更多收益的核心原因在于专利转让前对专利价值评估不全面、转让时机选择不当。在专利转让之前，中国、美国等国家均已经出现与其专利技术类似的产品，尤其是在中国，虽然微信还没有像 2013 年之后那样爆炸式增长，但已经呈现明显的增长势头，原专利权人选择在此时转让专利缺乏对市场的准确判断，没有把握住最佳转让时机。微信基础专利原专利权人的这种境况也生动说明了专利转让时机选择的重要性与复杂性。专利权人天才般地发明出了一种借助手机通信录实现即时通信的技术，及时申请并获得了专

---

① 杨琳桦. 移动即通基础技术最早发明者自我曝光 专利已秘密转让腾讯［N］. 21 世纪经济报道，2014 - 03 - 19（20）.

利，也有专利运营的想法和思路，但将这一专利成功运营的却是腾讯。[①]

2. 企业并购

企业并购是获取批量专利的主要途径之一，通过企业并购通常可实现大批量专利的转让。

2014年1月30日，联想公司宣布以29亿美元收购摩托罗拉的手机业务，同时也继承了摩托罗拉与主要专利拥有者的交叉授权。同年3月，联想与美国专利授权公司无线星球（Unwired Planet）达成协议，以1亿美元购买对方的21项专利组合，涉及2500余件美国专利的使用权，包括3G和长期演进技术（LTE）专利，以及其他重要的移动技术专利。同年4月，联想又收购日本电气株式会社在全球多个国家申请的超过3800项专利组合，包括智能手机等移动设备的生产制造。通过这3次海外收购，联想获得了9000余件涉及3G和4G移动通信领域的专利，奠定了在通信行业的基础。联想公司虽然进入移动通信领域的时间不长，但通过这一年的收购行动，迅速扩张了在移动互联领域的技术实力，缩小了与该领域巨头的差距，同时为自己争取到了一定的话语权，降低了企业产品未来受到侵权诉讼的风险，可谓一举两得。[②]

从专利运营的角度来看，联想通过企业并购获得专利是典型的专利运营，有利于公司未来的战略发展。一方面，能增强专利实力，为打入海外市场奠定专利基础；另一方面，可提高市场竞争力。通过并购获取的大量专利，联想不仅可以为自己的产品提供全面保护，而且还可以保留大量可用于运营的专利。既可以许可或转让其拥有的专利，也可以对侵权的公司提起专利侵权诉讼，还可以进行专利挖掘、组合等，并合理利用专利增加收入。通常企业并购需要强大的财务实力，这为实力雄厚的公司提供了专利运营的一种参考方式。

3. 专利拍卖

专利拍卖是一种一对多的转让模式，是通过市场招标竞价交易来实现

---

① 周胜生，高可，饶刚，等. 专利运营之道［M］. 北京：知识产权出版社，2016：41.

② 谢旭辉，郑自群. 知识产权运营之触摸未来［M］. 北京：电子工业出版社，2016：101－104.

专利权的转移。由于其具有覆盖面广、公平竞价等特点，比较适合潜在购买者较多的专利进行交易。

目前，专利拍卖已经成为国际上专利转让、专利交易的常规模式。企业在进行专利技术交易时运用专利拍卖，可以提高交易的可能性。随着市场对拍卖模式的普遍认同，专利拍卖在全球已成为一种较为成熟的技术交易环节。例如，美国著名的知识产权资本化综合性服务集团海洋托默公司（Ocean Tomo），已在美国、亚洲和欧洲举办了多场知识产权现场拍卖会。目前，该公司每年定期举办专利拍卖会，每场都会吸引国内外众多企业、发明人、投资人、中介结构的参与。①

进入 21 世纪后，我国陆续开始出现专利拍卖。2004 年 12 月，上海市知识产权服务中心、上海市技术交易所和上海中天拍卖有限公司联合举办了上海市首次专利拍卖。此次拍卖共有专利竞拍标的 39 件，最后成交了 8 件，成交总金额 1200 多万元。此后上海分别在 2008 年和 2009 年各进行了一次专利拍卖。2010 年 12 月，中国科学院计算研究所的一批专利在中国技术交易所进行公开拍卖，此次大规模拍卖在中国境内属于首次，包括 70 个竞拍标的（共计 90 件专利），涵盖 8 个专利包（共 28 件专利）、38 件有底价专利和 24 件无底价专利，在技术领域上涉及智能信息、无线通信、集成电路及物联网等热门领域。经过两个小时的激烈竞标，最终拍卖成交 28 件，总成交金额为 256.8 万元，成交率为 40%。②

与传统的买卖交易相比，专利拍卖具有一些突出的优势。首先，拍卖的对象广泛，可以通过招标竞价使专利的价值最大化。其次，节省了谈判的成本和环节，并使交易更快捷。最后，在线专利拍卖可以更好地保护交易双方的信息。近年来，随着政府对专利运营的鼓励政策，涌现了许多专门从事线上和线下专利拍卖的中介机构和平台。专利拍卖由于其公开性、透明性、低廉的交易成本以及快捷方便等优点而越来越受到专利权人和运营平台及机构的青睐。

---

① 毛金生，陈燕，李胜军. 专利运营实务［M］. 北京：知识产权出版社，2013：171.

② 周胜生，高可，饶刚，等. 专利运营之道［M］. 北京：知识产权出版社，2016：45-46.

第二节 专利许可

一、专利许可概述

专利许可是指专利权人按照专利许可合同，允许他人实施自己的专利，从而取得利益的一种许可贸易。通常，通过签署专利许可合同进行的交易称为许可交易。

专利许可主要包括如下几种：①一般许可，专利权人许可他方在规定的时间、地域内享有专利的使用权后，自己仍保留实施该专利的权利，同时还有权在同一地域内就同样专利再许可任何第三方使用；②独占许可，专利权人许可他方在规定的时间、地域内享有对专利的使用权后，不仅无权向第三方发放该专利的许可证，而且自己也不得在合同期限内使用该专利；③排他许可，专利权人许可他方在规定的时间、地域内享有对专利的使用权后，除专利权人可保留使用权外，不得再将同一许可证发放给任何第三方；④分许可，专利权人许可他方在规定的时间、地域内使用该专利的同时，又允许被许可方将该专利许可给第三方使用；⑤交叉许可，两个专利权人均允许对方在一定的时间、地域内实施自己的专利，或允许对方将自己的专利许可给任何第三方使用。[①]

对于专利权人来说，通常在如下几种情况下需要对外进行专利许可：①非自己的主营业务，取得了该专利权但不想生产该专利产品；②专利权人不具备实施专利技术的能力或不愿意实施，通过许可直接获取收入，例如大学、科研院所、专利公司等非实体机构，或者个体发明人等；③被迫与其他公司进行交叉许可，换取自己所需的专利；④某行业或领域新进入者，希望通过与行业或领域同行合作，尽快培育市场；⑤业务转型之后不再生产相关产品。总之，通过专利许可，权利人可以获得现金收益，弥补

---

① 邹瑜，顾明. 法学大辞典 [M]. 北京：中国政法大学出版社，1991：112.

前期研发投入；培育产品市场，为企业今后发展打下市场基础；或者通过自己的专利技术换取企业发展所需的技术。①

对于被许可人而言，那些无法被规避或以很高的成本规避但必须使用的专利通常需要获得专利许可。通过从他人处获得的专利许可，可以消除将来被控侵权的隐患。另外，通过专利许可能够节省自己研发的时间和投资。在获取许可时应评估被许可的花费和节省的成本，同时也要对被许可专利的稳定性进行尽职调查，并在合同中规定如何处理不稳定的专利，以保障自身权益。

专利许可需要订立书面合同，专利许可合同的主要条款一般包括以下几个方面：专利技术的内容和专利的实施方式；实施许可的种类；实施许可的有效期限和地域范围；技术指导和技术服务条款；专利权瑕疵担保和保证条款；专利许可使用费用及其支付方式；违约责任以及违约金或者赔偿损失的计算方法；等等。除上述内容外，还可以就当事人双方认为必要的其他事项进行约定，如不可抗力条款、专利技术改进成果的归属条款、争议的解决条款、关键名词和术语的解释等。许可形式不同，许可方和被许可方的权利义务也不相同，专利使用费也不相同。在同等条件下，独占许可的使用费最高，排他许可的使用费次之，普通许可的使用费最低。当事人在订立专利许可合同时，应根据自身的实际情况，选择适宜的专利许可合同。②

2011—2020 年，我国专利许可次数如图 3－2 所示。“十二五”时期和“十三五”时期，我国专利分别许可 9.9 万次和 4.3 万次，“十三五”时期比“十二五”时期减少 5.6 万次，整体降幅较明显。自 2016 年我国专利许可数量下降，这可能与 2016 年《高新技术企业认定管理工作指引》中关于高新技术企业认定条件中对企业主要产品的核心技术拥有自主知识产权的方式做了修改，取消了“通过 5 年以上的独占许可方式”的获取方式有关。

---

① 周胜生，高可，饶刚，等．专利运营之道［M］．北京：知识产权出版社，2016：46－47.

② 汪琦鹰，杨岩．企业知识产权管理实务［M］．北京：中国法制出版社，2009：153.

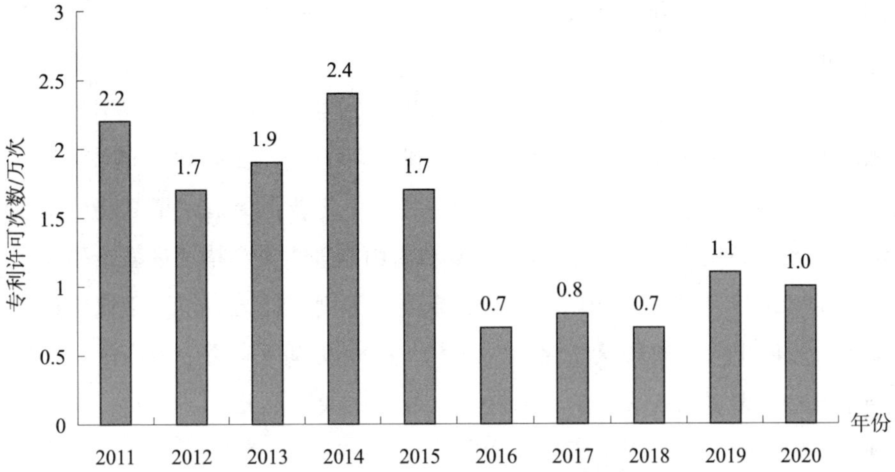

图 3-2　2011—2020 年我国专利许可次数①

与“十二五”时期相比，“十三五”时期专利许可次数年平均增长率为-14%，总体为负增长，其中 2016 年专利许可次数跌幅最高，下降 57%，在经历 2016—2018 年三年的低迷期之后，2019 年专利许可次数有所上升，但到 2020 年又开始下降。

从专利许可涉及的专利类型构成来看，“十三五”时期，发明专利许可次数为 2.4 万次，占比 56%；实用新型为 1.5 万次，占比 35%；外观设计为 0.4 万次，占比 9%。发明专利是专利许可活动的主要专利类型，由于发明相较于其他专利类型，价值更高，实施许可后能够在更大程度上发挥专利许可的作用，是发明专利实施许可占比高的内在原因。

二、专利许可主要形式

1. 单向许可

一般许可、排他许可或独占许可都可以归类为单向许可。对于这三种专利许可方式，权利人通常将其专利许可给另一方并获得一定的许可费，许可费的金额取决于许可的程度。在排他专利许可和独占专利许可下，权

① 雷筱云，诸敏刚．中国知识产权运营年度报告（2020）［M］．北京：知识产权出版社，2021：220-221.

利人不得再将其专利许可给他人，独占专利许可即便权利人本人也不能实施该项专利技术。

单向专利许可是权利人获取经济收益的一种重要许可方式，例如高校或研发机构的专利运营主要以单向专利许可为主。比较典型的案例为：2017 年 3 月补天新材料技术有限公司花费 5 亿元获得无氯氟聚氨酯化学发泡剂 20 年专利独占许可使用权，该专利由山东理工大学毕玉遂教授研发团队发明。2003 年毕玉遂团队开始研究新型发泡剂，耗时多年终于取得重大突破，发明出无氯氟聚氨酯化学发泡剂。这种发泡剂应用十分广泛，可用于聚氨酯、聚氯乙烯、聚苯乙烯发泡，可适用聚氨酯软质、硬质、半硬质发泡。软质泡沫可应用于床垫、沙发、服装衬垫、汽车座椅等；硬质泡沫可应用于冰箱、冰柜、冷库、集装箱等制冷装置和设备、供热管道、建筑屋顶、外墙的隔热保温，空调管道隔热保冷以及作为“以塑代木”材料等；半硬质泡沫可用于汽车等交通工具内装饰和吸能缓冲材料等。该发明既清洁环保又可降低能源消耗，经济价值巨大，已成功应用于外墙保温和板材生产，在其他工业领域中的应用试验也已全面展开。该专利一旦投入生产，则全球市场发展前景广阔。

补天新材料技术有限公司以总计 5 亿元人民币的价格，创造了中国专利独占许可使用费额度最高纪录。这项天价专利许可，是单向许可的典型成功案例。

2. 交叉许可

交叉许可是指专利技术许可双方通过协议将其各自的技术使用权相互交换，供对方使用。此种许可可以独占，也可以排他；可以有偿，也可以无偿。交叉许可通常发生在双方存在合作生产或开发研究关系的情况，一方使用一项技术与另一方的技术互为前提、双方都有改进技术的情况。①

从企业专利经营的角度来看，当双方具有合作生产或研发基础时，双向专利许可已成为重要的专利运营策略。一方面，它可以降低企业的研发成本，快速获得对方拥有的相关技术，弥补自身的不足，增强竞争力；另一方面，它可以避免法律风险，解决专利纠纷，降低公司诉讼

① 杜奇华. 国际技术贸易［M］. 北京：对外经济贸易大学出版社，2008：268.

成本。

例如，IBM 基于自身的专利优势通过全球专利许可策略，不仅增加了营收，而且还获得了其他公司的专利许可。IBM 的专利涉及多个领域，包括计算机、半导体、电信、商务应用等。在取得大量专利之后，IBM 采取了全球专利许可策略，向其他企业、甚至竞争对手进行专利许可。IBM 与包括三星、推特、华硕、亚马逊等众多科技公司达成专利交叉许可协议，其中部分交叉许可协议是在进行专利侵权诉讼之后达成的。由于 IBM 所拥有的专利规模远超过其他企业，因此即使是与其他企业进行交叉许可，其他企业通常也还需要向 IBM 缴纳一定数量的专利许可费，专利许可费收入成为 IBM 每年净利润的重要来源。像 IBM 这类行业领先公司，凭借自身的专利优势，通过与其他公司合作，广泛开展专利交叉许可，不仅获得自身发展所需的先进技术，使自己在相关领域继续保持领先地位，而且还获得了可观的经济收益，弥补前期研发投入，可谓一举多得。此外，在专利侵权诉讼与反诉的迷雾下，借助自己的专利武器与其他拥有重要专利技术的公司进行双向许可，还可以获取所需的技术。[①]

第三节　专利质押

一、专利质押概述

专利权质押融资是指债务人或第三人将其所拥有的发明专利、实用新型专利、外观设计专利的财产权经评估后向银行、其他的金融机构或投资公司作质押取得贷款，并按约定的利率和期限偿还贷款本金和利息，当债务人无法履行或不履行债务时，债权人有权依法以该专利权折价或拍卖，所得价款优先偿还债权人的一种融资方式。

尽管专利权质押对知识产权价值开发或变现的功能非常突出，但由于

① 周胜生，高可，饶刚，等. 专利运营之道［M］. 北京：知识产权出版社，2016：51 - 53.

专利权自身的特殊性，我国专利权质押在实践中长期处于低速发展状态。直至1996年9月国家知识产权局颁布《专利权质押合同登记管理暂行办法》，我国专利权质押贷款才缓慢启动。[①]

专利质押具有以下几个特征：①专利权质押的标的物是权利，即专利权中的财产权，而动产质押的标的物则是动产，其他权利质押的标的物是各种不同于专利权的权利；②在专利权出质期间，质权人是没有权利许可他人使用或转让该出质的权利的，质权人只有占有和保全该权利的权利；③在专利权出质期间，维持专利权本身的一切费用应由出质人承担，如专利年费、专利规费等，但质权人如认为该出质的权利可能对自己有益，也可自己缴纳相关费用，对这些费用，质权人有权请求出质人补偿；④专利质押需登记生效，动产质押要把质物交付质权人生效，而专利质押除订立质押合同外，还必须办理出质登记，质权自登记之日起生效。[②]

专利质押可以解决创新企业的融资问题，促进企业自主创新。在我国政府的政策鼓励下，专利质押已成为主要的运用型专利运营模式之一。

2011—2020年，我国专利质押次数如图3-3所示。"十二五"时期和"十三五"时期，我国专利分别质押2.9万次和11.9万次，"十三五"时期比"十二五"时期增加9万次，增幅达到310%，专利质押活动整体较活跃。"十三五"时期，专利质押次数年平均增长率为30%，其中2020年相比2019年增加0.9万次，增加数量最多。"十三五"时期，专利质押融资金额达到4705亿元，是"十二五"时期的3.1倍，2020年专利质押融资金额达到1558亿元，是2015年的2.8倍。

从专利质押涉及的专利类型构成来看，"十三五"时期，发明专利质押次数为4.0万次，占比34%；实用新型为7.4万次，占比62%；外观设计为0.5万次，占比4%。实用新型是专利质押活动的主要专利类型，这可能与实用新型专利相对容易授权有关。整体上，三种类型的专利质押次数均呈稳步增长趋势。

---

① 彭绘羽. 我国专利质押融资概况研究［J］. 现代商业，2017（30）：49-51.

② 沈富强. 质押法律实务［M］. 上海：立信会计出版社，2000：190.

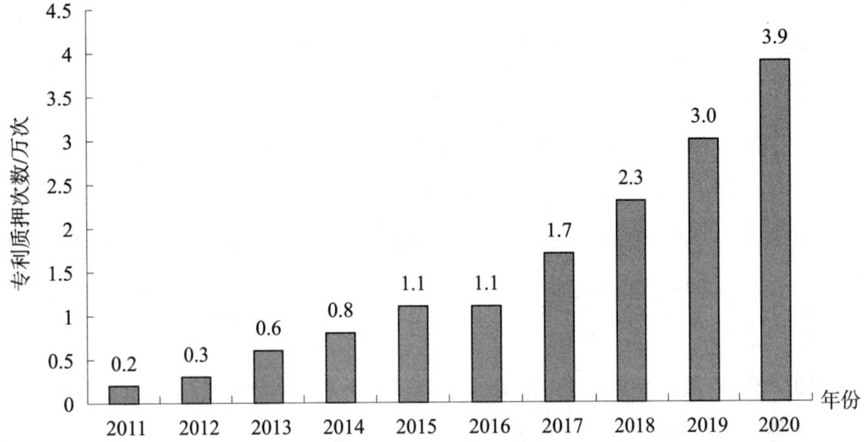

图 3-3 2011—2020 年我国专利质押次数[①]

2008 年，国家知识产权局在全国开展知识产权质押融资试点工作，拉开了政府主导专利质押贷款工作的序幕。2010 年，国家知识产权局与财政部、工业和信息化部等部门发布《关于加强知识产权质押融资与评估管理支持中小企业发展的通知》；2011 年，国家知识产权局又与交通银行开展全方位战略合作，并签署了《国家知识产权局与交通银行中小企业知识产权金融服务战略合作协议》；2013 年，中国银监会、国家知识产权局、国家工商行政管理总局和国家版权局联合印发《关于商业银行知识产权质押贷款业务的指导意见》后，各金融机构从事知识产权质押融资业务的积极性进一步高涨。[②]

2014 年 1 月，科技部会同中国人民银行、银监会、证监会、保监会和知识产权局等六部门，联合制定印发《关于大力推进体制机制创新 扎实做好科技金融服务的意见》。特别指出要大力发展知识产权质押融资，加强知识产权评估、登记、托管、流转服务能力建设，规范知识产权价值分析和评估标准，简化知识产权质押登记流程，探索建立知识产权质物处置机制，为开展知识产权质押融资提供高效便捷服务，有效保障企业、行

---

① 雷筱云，诸敏刚. 中国知识产权运营年度报告（2020）[M]. 北京：知识产权出版社，2021：235-236.

② 刘春霖. 知识产权质押的现实和困境研究 [M]. 北京：中国检察出版社，2016：78-79.

业、地区的创新发展。

2015 年 3 月，国家知识产权局发布《关于进一步推动知识产权金融服务工作的意见》，提出了五项工作重点，包括深化和拓展知识产权质押融资工作，加快培育和规范专利保险市场，积极实践知识产权资本化新模式，加强知识产权金融服务能力建设，强化知识产权金融服务工作保障机制等。

2018 年，专利、商标质押融资总额达到 1224 亿元，同比增长 12. 3%。其中，专利质押融资金额达 885 亿元，同比增长 23%，质押项目 5408 项，同比增长 29%。

2019 年，按照党中央、国务院的决策部署，知识产权质押融资工作取得新进展。2019 年 8 月，中国银保监会与国家知识产权局、国家版权局联合发布《关于进一步加强知识产权质押融资工作的通知》。具体措施包括：鼓励商业银行在风险可控的前提下，通过单列信贷计划、专项考核激励等方式支持知识产权质押融资业务发展；鼓励商业银行在知识产权打包融资以及地理标志、集成电路布图设计作为知识产权质押物的可行性等方面进行探索；规定商业银行知识产权质押融资不良率高出自身各项贷款不良率 3 个百分点（含）以内的，可不作为监管部门监管评级和银行内部考核评价的扣分因素等。国家知识产权局还开通了网上办理专利质押登记业务通道，让专利质押登记办理更加便利。2019 年，我国专利、商标质押融资总额达到 1515 亿元，同比增长 23. 8%。其中，专利质押融资金额达 1105 亿元，同比增长 24. 8%，质押项目 7060 项，同比增长 30. 5%。

2020 年，我国专利、商标质押融资登记金额达到 2180 亿元，同比增长 43. 9%，质押项目数 1. 2093 万项，同比增长 43. 8%。其中专利质押融资金额为 1558 亿元，银行和信用合作社等银行业金融机构是最大的质权人，占全部质押项目数的 67. 4%。

二、专利质押主要形式

专利质押融资包括以下几种模式。

（1）直接质押融资模式（银行 + 专利权质押）。

（2）间接质押融资模式（银行 + 专利权质押 + 担保）。

（3）组合式质押融资模式。

①与股权组合（银行 + 专利权质押 + 股权质押）；②与有形资产组合（银行 + 专利权质押 + 有形资产质押）。

（4）其他质押融资模式。

①中介服务机构参与：资产评估公司、律师事务所、担保公司等中介机构共同参与专利权质押贷款业务，各中介机构提供专业服务，收取一定的费用，并各自按比例承担一定的风险；②投贷联动融合：在企业向银行提出贷款时，投资机构即介入，开展项目调查，与银行和企业签订合作协议。当发生不良贷款时，投资机构按照协议约定，以销售提成、合作或入股等方式实现债权和收益。

专利质押融资程序一般包括申请、评估、审核、签订合同、质押登记和放款等环节。具体内容如下。[①]

（1）企业向银行提交专利权质押贷款书面申请。

申请专利权质押贷款时，专利权人应持专利证书和银行所需的其他相关材料向银行提出贷款申请。金融机构针对不同客户初步分析其资产准入标准及范围：一是贷款主体的准入标准，二是质押物的准入标准。贷款主体的准入标准可通过贷款企业信用履约分析、偿债能力分析、盈利能力分析、经营发展能力分析、综合能力分析等确定，在实际中贷款主体通常是贷款行的黄金客户、优质客户，在贷款行及其他行无不良记录。质押物的准入标准一般遵循发明专利优先原则。

（2）专业评估机构对企业专利权价值进行评估。

应该有专门的鉴定机构，对企业自身专利的价值进行全面、客观的鉴定，由于专利价值可能发生巨大波动，因此需建立专利质押物价值动态评估机制，这样就可以给借贷双方提供一个很好的知识产权价值依据，落实风险防控措施。

（3）银行对企业提交的资料及专利权评估结果进行审核。

质押物的价值可通过专业的资产评估事务所对质押物的时点价值进行

① 丘志乔. 中国知识产权质押融资实证分析与研究［M］. 北京：知识产权出版社，2018：77－78.

客观的评估，为质押类业务提供价值参考。质押专利权为：出质人（专利权人）在质押期限范围内的无权属纠纷的专利权。金融机构根据专利权的评估价值作为确定质押贷款的授信额度的参考，质押率通常规定不超过质押物时点价值的50%，受行业、地区及风险控制等诸多因素影响与限制，一般为10%~50%，质押率在20%~30%的居多。

（4）审核通过后，双方签订借款合同及专利权质押合同。

专利权质押贷款合同需要到国家知识产权局进行质押登记，双方签订的质押登记合同中应当包括：出质人、质权人的姓名（名称）及住址；被担保的债权种类、数额；债务人履行债务的期限；出质物清单；担保范围；当事人约定的其他事项。

（5）办理知识产权质押登记手续。

根据国家商标局和知识产权局的规定，知识产权质押贷款合同签订后，双方应持相关证件到知识产权管理部门办理质押权登记，专利权质押登记时间为七个工作日。

（6）执行借款合同。

取得专利质押登记证书后，金融机构可按照双方签订的贷款合同给借贷方资金放款。

下面分别介绍几种主要的专利质押融资模式及案例。

1. 直接质押

直接质押融资是指专利权人直接以专利作为质押标的物出质，该专利需经权威机构或中介机构进行评估，证明其合法、有效，即可直接向银行申请质押贷款。

例如，北京珅奥基医药科技有限公司（以下简称珅奥基公司）系一类新药研发企业，由国内外新药研发生产领域的科学家和企业家共同创办，拥有多项肝癌、乳腺癌和白血病治疗药物的核心专利，相继获得国家“十一五”“十二五”新药创制重大专项以及北京市财政资金支持，多项研发新药已完成1期临床试验，但2期临床试验出现资金短缺。2015年年初，北京知识产权运营管理有限公司经专利评价分析，接受其16项专利权质押以自有资金委托银行发放贷款900万元。目前珅奥基公司已申报国家一类新药证书，获新一轮风险投资，北京知识产权运营管理有限公司实现成功退出。该案例获《人民日报》2016 年世界知识产权日专题连续两期报道。①

2. 间接质押

间接质押融资是指企业以专利权作为担保质押物给担保机构，由担保机构为企业提供担保，担保后再由银行与专利权人签订贷款协议。目前广东深圳等地均引入了专业的担保机构，可以为专利质押贷款的企业进行担保，一旦发生贷款风险，银行承担少部分的风险，担保机构会承担大部分风险。

例如，山东省青岛市在全国首创专利质押保险贷款新模式，出台《科技型中小微企业专利权质押贷款资助实施细则》和《青岛市科技型中小微企业专利权质押保险贷款和资助管理办法》，会同银行、保险、担保、专利中介服务机构等单位成立专利权质押保险贷款服务联盟，构建“荐、评、担、险、贷”工作体系，搭建青岛专利权质押保险贷款网上服务平台，采取保险、担保和银行分别以 60%、20%、20% 比例分担风险的方式，开创了以保险撬动专利质押贷款的新模式，为解决科技型中小企业融资难开辟了新路径。截至 2017 年年底，累计受理企业贷款申请 133 家，完成企业贷款 77 家，银行贷款授信 26590 万元，发放贷款 26290 万元，保险承保金额 27997 万元。中国保监会据此新增了“专利质押贷款保证保险”险种，在国内全面推广青岛模式。②

3. 投贷联动质押

投贷联动是指商业银行在创业投资机构对创业企业评估、股权投资之后，以债权形式为企业提供融资支持，形成股权投资和债权投资之间的联动融资模式，实现商业银行、创业投资机构和创业企业之间的共赢。这种专利运营模式主要有利于初创科技企业获取创业前期投资，可以更好促进初创小企业壮大发展。

2015 年 3 月 13 日，国家发布《中共中央　国务院关于深化体制机制改革加快实施创新驱动发展战略的若干意见》，提出“探索试点为企业创新活动提供股权和债权相结合的融资服务方式，与创业投资、股权投资机构实现投贷联动”，这是国家首次倡议投贷联动。2015 年 6 月，国务院常

---

① 诸敏刚，李程．中国专利运营年度报告（2017）［M］．北京：知识产权出版社，2018：203.
② 诸敏刚，李程．中国专利运营年度报告（2017）［M］．北京：知识产权出版社，2018：97.

务会议提出鼓励创新投贷联动等融资方式支持创新企业。2016 年 2 月初，国务院常务会议提出，要引导和鼓励天使投资、创投基金等入驻双创基地和众创空间，选择金融机构试点开展投贷联动融资服务。2016 年 3 月 5 日，李克强总理在 2016 年《政府工作报告》中提出，要深化国有商业银行和开发性、政策性金融机构改革，启动投贷联动试点。①

例如，北京中关村中技知识产权服务集团有限公司（以下简称中技集团）是海淀区国有资产投资经营有限公司二级集团，主要承担科技金融服务职务职能。为解决科技型企业融资难题，中技集团于 2014 年 12 月创新性地构建了国内首家“评—保—贷—投—易”五位一体的知识产权金融服务体系。该体系为拥有自主知识产权的科技企业提供综合金融服务，采用“成长债”业务模式，借助“专利导航”分析，寻找自主创新型优秀科技企业。围绕拥有自主核心知识产权的高科技企业，帮助其以“知识产权 + 股权”质押获得银行大额债权资金支持。“成长债”业务模式曾帮助轻资产型科技企业快速成为行业龙头。北京中普达科技股份有限公司专注于移动医疗信息服务和移动物联终端产品及技术应用的研发、制造和服务，拥有 AI、区块链等专利技术。2016 年 11 月，中技基金“成长债”提供 2000 万元支持，帮助该公司快速成长。目前该公司已服务近 1000 家二级及以上公立医院，成为国内医嘱执行系统龙头企业。②

投贷联动另一个范例是支持国内显示芯片行业独角兽。北京集创北方科技股份有限公司作为全球领先的显示控制芯片整体解决方案提供商，围绕移动显示、面板显示、LED 显示、绿色照明四大领域，形成了多元化的产品布局。2015 年 12 月，在企业营业收入仅有 23500 万元，净利润为负 2500 万元的情况下，中技基金向其提供 2000 万元债权支持，帮助企业拓展市场，完善产品研发。2016 年 12 月，中技基金股权投资 2000 万元，投后集创北方估值 8.5 亿元。2017 年，该公司获得国家级基金和北京市集成电路基金的投资，投后估值将近 30 亿元。③

---

① 计小青，曹啸. 金砖国家开发银行业务模式设计研究［M］. 上海：格致出版社，上海人民出版社，2018：202.

② 诸敏刚，李程. 中国专利运营年度报告（2017）［M］. 北京：知识产权出版社，2018：208.

③ 诸敏刚，李程. 中国专利运营年度报告（2017）［M］. 北京：知识产权出版社，2018：209.

第四节　专利出资

一、专利出资概述

《中华人民共和国公司法》（以下简称《公司法》）第二十七条第一款规定，股东可以用货币出资，也可以用实物、知识产权、土地使用权等可以用货币估价并可以依法转让的非货币财产作价出资；但是，法律、行政法规规定不得作为出资的财产除外。专利作为知识产权的一种重要形式，可以评估后进行作价出资入股。

《公司法》规定，对作为“出资的非货币财产应当评估作价”。这其中存在着两个程序：一是评估，二是作价。评估确定的是知识产权的价值，而作价则是确定知识产权能“买”多少股份。对于知识产权出资，财政部、国家知识产权局《关于加强知识产权资产评估管理工作若干问题的通知》第二条规定：“知识产权评估应当依法委托经财政部门批准设立的资产评估机构进行评估。”因此，我国知识产权评估主体是具有评估资格的资产评估机构。而作价程序则是指经过评估的知识产权能够购买公司多少的股份比例，这是在评估结论的基础上由股东之间或同公司之间协商确定，但对作为出资的非货币财产进行评估作价不得高估或者低估作价。[①]

关于出资入股的比例，修改后的《公司法》第二十七条删除了“全体股东的货币出资金额不得低于有限责任公司注册资本的百分之三十”的规定，取消了非货币财产出资比例以百分之七十为上限的规定。换句话说，专利出资比例可超过百分之七十，这大大提高了用专利作为非货币财产进行出资的积极性。

企业以专利出资来成立新公司，通常以相应的专利为核心来创造技术产品，以期扩大市场并获得收益。以专利出资成立新公司一般流程包括：

---

① 毛骁骁. 试论外商投资的知识产权资本化［J］. 法治研究，2011（06）：55－58.

①股东共同签署公司章程，以书面形式阐明彼此的出资额和出资方式；②委托权威或专业资产评估机构进行专利价值评估；③进行验资和专利权变更登记和公告程序；④到工商部门进行注册，需要出具相应的评估报告、评估机构出具的书面意见和相关信息材料，以及专利权转让手续的相关材料等。

二、专利出资主要形式

1. 专利所有权出资

专利所有权出资是指将专利的所有权作为资本入股，专利所有人通过这种方式出资后，应当在规定的时间内将专利所有权转移至公司，使专利权成为新成立公司的资产，而原专利所有人成为公司股东。专利所有人既可以用单件专利进行出资，也可以用多件专利进行出资，这是目前较为成熟的一种出资模式。

例如，早在2012年9月，武汉市在全国率先出台有“黄金十条”之称的《关于促进东湖国家自主创新示范区科技成果转化体制机制创新的若干意见》，允许和鼓励在汉高校、科研院所与事业单位科研人员留岗创业，根据创业情况保留其原聘专业技术岗位等级3~8年，档案工资正常晋升，创业所得归个人所有。支持科技人员流动，鼓励科技人员在企业与科研院所、高校之间双向兼职。在汉高校、科研院所知识产权一年内未实施转化的，在成果所有权不变更的前提下，成果完成人或团队拥有成果转化处置权，转化收益中至少70%归成果完成人或团队所有。对促成专利技术在东湖高新区内转化的推广转化机构，按专利技术转让或实施许可合同金额的2%给予奖励，最高可给予50万元奖励。

2017年5月，武汉工程大学陶瓷膜科研团队以研发的8项碳化硅陶瓷膜技术作价2128万元技术入股，与鄂州市昌达资产经营有限公司共同组建了湖北迪洁膜科技有限责任公司，该团队9名科研人员获得此次收益的90%即1915.2万元，并由此在迪洁膜公司占股50.4%，迪洁膜公司也因此在全国率先实现了碳化硅陶瓷膜量产。[①]

2. 专利使用权出资

我国《公司法》对于专利使用权出资问题并没有明确规定，由于专利使用权即使出资后，专利权不归属新公司，权利、义务和风险较难合理确定，在我国地方试行阶段，也出现过不同的政策。

例如，上海市和湖南省明确支持专利使用权出资。

2011 年 2 月 16 日，上海市工商行政管理局发布《市工商局关于积极支持企业创新驱动、转型发展的若干意见》，其中第二条规定，鼓励公司股权出资、债权转股权，盘活公司资产，促进公司财产性权利转化为资本。扩大知识产权出资范围，开展专利使用权、域名权等新类型知识产权出资试点工作。

2014 年 12 月 9 日，湖南省科学技术厅、湖南省工商行政管理局和湖南省知识产权局联合发布《关于支持以专利使用权出资登记注册公司的若干规定（试行）》，其中第二条规定，在登记注册公司时允许专利权人用专利使用权作价出资，入股比例不受限制，促进财产性权利转化为资本。

1998 年 9 月 14 日，深圳市人民政府发布《深圳经济特区技术成果入股管理办法》，其中第四条规定，技术出资方可以用下列技术成果财产权作价入股：①发明、实用新型、外观设计专利权；②计算机软件著作权；③非专利技术成果的使用权；④法律、法规认可的其他技术成果财产权。本办法所称的专利权、计算机软件著作权是指依照中国法律产生的有关权利，不包括依照外国法律产生的权利，也不包括有关权利的使用许可。

对于上述专利使用权出资问题，学界也一直存在着两种声音。反对者主要是认为知识产权使用权受制于许可协议的约定，而协议在中国被违约的风险概率特别高。由于协议的稳定性不高，所以如果以专利使用权进行出资，不利于债权人的利益保护。当然，也有赞成使用权可以出资的，其认为知识产权所有权与使用权具有易分离性，使用权可以从所有权中分离出来，分离出来的使用权具有完全的、独立的使用价值，对于公司经营具有等同的功效，且相比于所有权出资更具有灵活性，更切合实际。且《公

---

① 孙迪. 转化运用：探索高校广阔“钱”景［N］. 中国知识产权报，2017-11-29（06）.

司法》规定的财产权的外延大于所有权，它既包括所有权也包括使用权。知识产权大多数的利益都基于“使用”产生，知识产权估值的重要标准也是该知识产权的“使用”情况，因此将知识产权使用价值独立出来并作为资产进行出资属于公司财产权的范畴。①

在实践中也早已存在专利使用权出资的案例。1998 年 7 月 16 日，中国科学院山西煤炭化学研究所（以下简称中科院煤化所）与陕西华美新时代工程设备有限公司（以下简称华美公司）签订了“合作推广灰熔聚流化床粉煤气化技术协议书”约定组建陕西秦晋煤气化工程设备有限公司（以下简称秦晋公司），以合作推广经营灰熔聚流化床粉煤气化技术工业成套设备，承包该技术的工程项目。其中，华美公司以货币资金投资 75.6 万元，占股份 70%；中科院煤化所以灰熔聚流化床粉煤气化技术使用权入股，经华兴会计事务所有限公司评估后，该专利使用权折价 32.4 万元，占股份 30%。中科院煤化所实现了以专利使用权出资入股，同时保留了专利所有权。秦晋公司获得了专利的实施权，但在未得到中科院煤化所的书面许可的情况下，不能将该技术提供给任何第三方。②

第五节　专利证券化

一、专利证券化概述

专利证券化是专利权利人作为发起方将其合法拥有的专利权或其衍生专利资产，转移给专门开展资产证券化业务的特殊目的机构（Special Purpose Vehicle，SPV），再由此特殊目的机构以专利权或其衍生等资产作为担保，经过重新包装、信用评估后发行可流通证券，以此为发行证券融资。专利证券可流通形式多为债券和股票，债券是拥有专利权的权利人筹措资金

① 徐棣枫，沈晖．企业知识产权战略［M］．北京：知识产权出版社．2010：244.
② 周胜生，高可，饶刚，等．专利运营之道［M］．北京：知识产权出版社，2016：86.

时，向投资人发行，承诺按一定利率支付利息并按约定条件偿还本金的债权债务凭证；股票是股份公司发行的所有权凭证，是股份公司为筹集资金而发行给各股东作为持股凭证并借以取得股息和红利的有价证券。

专利证券化是金融资本与知识资本的一种有效结合，是以金融技术为依托、以专利的信用为担保、以证券化为载体的融资方式。相对于传统的应收账款资产证券化、住房贷款抵押证券化，专利证券化的一般交易结构与传统的资产证券化类似，其参与主体一般也会包括发起人（原始权益人）、特殊目的机构、投资者、受托管理人、服务机构、信用评级机构、信用增强机构、流动性提供机构，一般也是通过信托或特殊目的机构的形式建立起证券化的通道，也要运用风险隔离和外部及内部的信用增级方式，来提高证券化产品的市场吸引力。①

专利证券化与传统资产证券化如应收账款证券化、住房抵押贷款证券化等相比较，具有一定的特殊性，主要表现在以下几个方面②。

第一，由于专利特有的时间性、无形性等特点，导致其现金收益稳定性低，不确定性大，专利证券化比传统资产证券化难度更大。专利证券化是以可预期的专利现金收益为支持而发行证券融资的过程。而预测专利未来的现金收益比传统资产未来的现金收益复杂且难度大。影响专利未来现金收益的不确定因素很多：不可预料的技术进步可能使专利在其证券化期间出现现金收益减少乃至消失的情况；专利有被宣告无效的可能；侵权行为可能严重侵蚀专利未来现金收益；等等。因此，需要经过专业制度安排降低投资风险以吸引足够多的投资者，保证证券化安全。

第二，相对于传统基础资产单一、简单的权利人而言，专利证券化基础资产上的权利人及其法律关系相对复杂。如专利可能存在共同发明人。可能含有得到合法授权的在先专利等。因此，专利证券化时对基础资产的权利主体及其各自权利就需要全面明晰界定。专利证券化之前，特设机构有必要获得其他相关在先专利或取得其他权利人的同意以使该专利证券化

① 陈柳钦．高新技术产业发展的资本支持研究［M］．北京：知识产权出版社，2008：197 - 198.

② 陈媛媛．企业知识产权管理［M］．北京：中国铁道出版社，2014：134.

得以顺利进行。

第三，由于专利的依附性，通常其本身不会独立带来现金收益，而必须与其他有形资产甚至无形资产相结合，才能实现商业运营，产生收益。在专利证券化中，基础资产以专利为主，但通常并不局限于专利本身，往往延伸到相关必要无形资产或有形资产。

专利证券化具有以下优势：一是可以获得大量融资。公司将其专利资产证券化获得的融资，远远大于其以该专利质押担保获得的贷款。二是可以迅速获得融资。专利权人能迅速地获得大笔资金，而不是像专利许可那样需要漫长的时间才能获得全部许可费。三是在交易期间，证券可设立固定利息。四是融资安全。资产证券化使投资人丧失了向发起人无限追偿的权利，而且已购买证券的投资者不可抽回。实际上，这就对专利的未来价值形成了事实上的保险。五是通过专利资产证券化，募得的资金无须纳税。六是专利权人并不丧失专利权。目前，专利资产证券化“真实出售”的只是专利许可未来的收益权，而不是专利权本身。专利收益权的出售不同于专利转让，专利权人可以继续拥有其专利权，也可保留部分专利许可产生的现金收益。这些优势的存在，就促使一些流动资金匮乏的公司开始考虑以其未来专利收益权担保来发行证券。①

专利资产证券化交易流程与传统的资产证券化类似，其流程主要分为以下步骤②。

①进行证券化必要性与可行性分析。发起人的融资需求可以通过很多方式来实现，如担保贷款、发行股票与债券等。发起人会通过成本收益来分析决定是否采取证券化融资。一旦确定通过证券化融资，就要进行必要性与可行性分析。

②设立特殊目的机构（SPV）。SPV 既可以由发起人组建也可以由第三方组建，但无论采用何种组建方式，SPV 都必须以经营资产证券化为唯一目的，是法律上的一个破产隔离载体。专利证券化中的 SPV 构建与传统资

---

① 袁晓东. 激励技术创新的法律制度研究［M］. 武汉：华中科技大学出版社，2007：226.

② 徐成文，陈江华. 专利资产证券化研究［J］. 南阳理工学院学报，2010，2（01）：90－92，102.

产证券化中的SPV构建基本一致，SPV要远离破产风险，确保交易的安全性。从某种意义上说，由于专利资产本身的特殊性，专利资产证券化中SPV的设立和管理更加严格。

③真实销售。通过真实销售，以实现证券化交易中的“破产隔离”，使投资者因购买资产支持证券而取得的收益不会因发起人的破产而丧失。

④信用增强与等级评定。在专利资产证券化过程中，首先是发行人须进行信用增强，保证按时、足额支付投资者利息和本金，减少不能履行债务的风险。这是证券化交易结构的关键所在。其次是进行等级评定。包括专利在内的资产证券化过程中，等级评定非常重要。信用评级机构对证券客观公正的评级，可以帮助投资者收集和分析相关信息以决定是否购买，而这决定着专利资产证券化是否成功。

⑤发行与销售资产支持证券。证券发行有公募和私募两种，不同的发行方式导致不同的法律适用。专利资产证券化属于新颖的金融创新形式，存在技术风险与金融风险。采用私募方式可以降低监管成本，给专利证券化以良好发展空间，同时也能保护投资者。所以，在专利资产证券化中采取私募方式比较多。

⑥获取证券发行收入，向发起人支付购买价格，资产管理服务人进行资产管理并按时收回资产收益。SPV将在证券到期之日向投资人支付本息。

二、我国专利证券化开展现状

在知识经济时代，技术发展日新月异，创新的复杂性和创新的成本越来越高。从研发、申请保护、成果转化直至产品化都需要大量的资金成本。由于缺乏研发资金，一些创新主体无法支持有效研发。创新产生成果之后，只有对其进行权利化，才能受到法律的保护，然而创新成果的权利化也需要资本投资。由于缺乏资金，一些公司放弃了对自己的创新成果进行权利化。在将创新成果申请专利权之后，还存在将预期收益转化为实际收益的问题。我国许多创新主体都面临融资困难的问题，而专利证券化可以很好地解决上述问题。专利证券化有利于企业融资，可以促进专利技术的充分利用和产业化，有利于降低技术创新的风险，也给机构投资者和个人投资者提供了安全可靠的投资渠道。因此，专利证券化具有积极的现实意义。①

2015 年，国务院发布的《中共中央 国务院关于深化体制机制改革加快实施创新驱动发展战略的若干意见》指出，推动修订相关法律法规，探索开展知识产权证券化业务。

2015 年，《国务院关于新形势下加快知识产权强国建设的若干意见》进一步指出，探索知识产权证券化，完善知识产权信用担保机制。2016 年，国务院发布《国务院关于印发“十三五”国家知识产权保护和运用规划的通知》，提出创新知识产权金融服务，开展知识产权证券化和信托业务，支持以知识产权出资入股，在合法的前提下开展互联网知识产权金融服务。

2017 年，国务院印发《国务院关于印发国家技术转移体系建设方案的通知》，提出开展知识产权证券化融资试点，鼓励商业银行开展知识产权质押贷款业务，推动知识产权证券化的发展，拓宽企业融资渠道。

2019 年 2 月，中共中央、国务院印发了《粤港澳大湾区发展规划纲要》，明确提出“开展知识产权证券化试点”。2019 年 8 月，《中共中央 国务院关于支持深圳建设中国特色社会主义先行示范区的意见》发布，提出探索知识产权证券化，规范有序建设知识产权和科技成果产权交易中心，推动知识产权的有效运用，实现知识产权的价值。这些文件的出台，为专利证券化发展提供了强有力的政策支持。

2019 年 9 月，我国知识产权证券化探索再获突破，广州市黄埔区、广州开发区知识产权证券化产品“兴业圆融——广州开发区专利许可资产支持专项计划”发行。与我国此前的知识产权证券化实践不同的是，该产品完全以民营中小科技企业专利权许可费作为基础资产。广州作为粤港澳大湾区重要创新载体，此次推出的知识产权证券化产品是广州开发区贯彻落实《粤港澳大湾区发展》规划纲要、推动粤港澳大湾区建设的重要创新举措，将有效拓宽民营中小企业融资渠道，解决融资难题。广州开发区知识产权证券化产品的基础资产是 11 家企业拥有的 103 件发明专利和 37 件实用新型专利通过专利权许可方式形成的预期收益现金流。这些专利都是企

① 汤珊芬，程良友，袁晓东．专利证券化：融资方式的新发展［J］．科技与经济，2006（03）：46－49．

业正在销售产品的核心专利，具有较高的知识产权价值。例如，广州华银医学检验中心有限公司（以下简称华银医学）聚焦病理诊断，是一家成长中的高新技术企业。但前期创新投入大、需要大量流动资金等问题仍考验着企业的可持续创新能力。随着广州开发区的知识产权证券化产品成功落地，华银医学通过该产品对“远程病理诊断切片数字图像处理及传输技术”等4件发明专利进行专利许可，有效反哺企业的研发工作。2019年以来，广州开发区联合此次知识产权证券化项目参与方，调研了60多家区内科技企业，学习借鉴相关经验，最终设计出以民营中小科技企业专利权许可费用作为基础资产的证券化产品。广州开发区金控集团子公司广州凯得融资租赁有限公司（以下简称凯得租赁）担任知识产权证券化产品原始权益人角色。凯得租赁通过专利许可交易构建底层资产，再以专利客户企业在未来5年内的专利许可费为基础资产，将对应的许可费现金流打包进行资产证券化操作，发售给投资人。在此交易模式中，知识产权的所有权不会发生转移。此次广州开发区知识产权证券化产品发行规模为3.01亿元，债项评级达到AAA级。广州开发区知识产权证券化产品在“科技企业—凯得租赁—开发区金控”的交易架构下，信用从AAA国有主体传递至实际融资的民营企业，使民营企业能够突破自身信用的局限，从资本市场上获得债权性融资；通过对入池企业和专利的筛选、信用风险防范机制的设计，提高企业违约成本，实质降低增信机构风险。[①]

第六节　专利信托

一、专利信托概述

专利信托，是指专利权人将自己的专利技术的转化工作委托给别人

① 国家知识产权局. 广州开发区：探索知识产权证券化［EB/OL］.（2019－09－11）［2019－12－31］. http://www.cnipa.gov.cn/mtsd/1142138.htm.

（即金融信托投资机构），受托人依照国家有关法律、法规接受专利委托，并着力于将受托项目进行转化的一种信托业务。专利信托是专利权人以出让部分投资收益为代价，在一定期限内将专利委托信托投资公司经营管理，信托投资公司对受托专利的技术特性和市场价值进行深度发掘和适度包装，并向社会投资人出售受托专利风险投资收益期权，或者吸纳风险投资基金，构建专利转化资本市场平台，从而获取资金流。①

专利信托过程由三个环节组成：受托、经营、收益。受托是信托的基础，在这个环节中，一方面要筛选出可行的专利项目，另一方面签订好专利信托合同。经营是信托的关键，受托后能否有效地经营，是保障受益人权益和获取经营利润的根本。②

基于专利信托过程的三个环节，专利信托的具体实施包括以下三个阶段。

1. 受托阶段

（1）受托条件（见图3－4）。

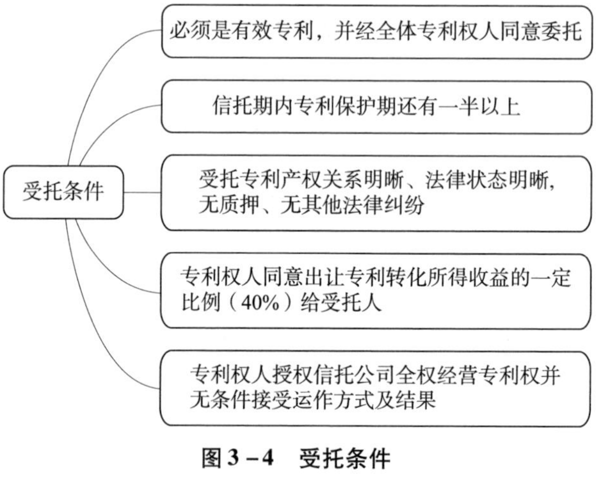

图3－4 受托条件

（2）受托步骤。

委托人持专利证书原件、复印件及身份证、户口簿向受托人提出书面信托申请；受托人对专利进行法律状态认定；受托人进行专利检索，取得

① 武汉年鉴编纂委员会. 武汉年鉴2001［M］. 2001：295.

② 袁晓东. 激励技术创新的法律制度研究［M］. 武汉：华中科技大学出版社，2007：201.

检索报告；受托人进行专利技术保护论证，取得论证报告；经办人员对申请专利提出市场性、技术性等初步意见；专家委员会对初步意见复审，提出复审意见；部门经理根据初、复审意见，决定是否进入信托；委托人填写《专利信托申请表》，经受托方审查确认后，将专利证书原件交由委托方代为保管，双方签订《专利信托协议》，并报专利管理部门备案。

（3）项目筛选。

筛选可行的专利项目对于委托阶段至关重要。专利项目主要来自国家知识产权局的专利公告、专利行政管理部门和中介服务机构的推荐、专利持有人的自我推荐；同时，也可以从各种展览、媒体和其他渠道获得有关专利项目的信息。收集的专利项目必须经过初选和终选，所谓初选，是指项目人员根据专利技术和市场条件进行初步判断，决定是否选择；所谓终选，是指项目人员需要对初选项目进行调查核实，调查核实至少包括项目背景、市场前景、可行性研究报告、财务风险评估、运行风险评估、经济技术指标等，然后咨询专利持有人的委托意愿，同时咨询相关专家的意见，并进行必要的市场调查，最后整理撰写完备的书面报告，最终确定是否选择专利项目。

2. 经营阶段

首先，信托投资公司适当包装和深入研究委托专利的技术特征和市场价值，并通过多种方式将其向社会宣传。宣传渠道包括报纸、电视、互联网、专利公开竞标或拍卖、专利技术交易会以及向特定公司发送信函等。其次，将委托的专利收益期权出售给社会投资者，或吸引风险资本，建立专利转换资本的市场平台，并进行专利许可或转让。

3. 收益阶段

收益阶段包括收益方式、收益分类以及分配阶段。[①]

（1）收益方式。

收益包括使用权许可收入、所有权转让收入、专利股权投资收益、专利权融资租赁收入、专利权抵押融资再投资收入、发行权佣金收入（拟定为发行票面价值的30%）。

---

① 陈保国. 专利信托法律问题研究［D］. 武汉：华中科技大学，2008：10－13.

（2）收益分类。

①信托期内专利使用权许可收益：每笔收入委托人、受托人按所持专利权益比例进行分配。

②信托期内专利权转让收益：一次性专利权整体现金转让，收益按比例分配；委托人愿入股受让人，受让人全额现金收购信托公司所持专利权益。这两种方式是信托公司通常操作及实现风险投入退出的主要方式。

③信托期内专利权的收购及专利权证回购。对有重大经济前景价值的专利项目，信托公司可全部收购或部分收购委托人所持专利权益，再将取得的“控股”专利权或完整专利权，进行后续资本经营（如用专利项目参股或用专利项目新办企业），取得更大收益。

④专利的抵押融资收益。

⑤专利融资租赁收益。

⑥信托期满，专利未能转化，专利权完整交还委托人。

（3）分配阶段。

专利使用权许可收益原则上在信托期结束后予以分配。信托公司完成所有权权益转让变现，3 个月内予以分配。

专利信托业务是一个涉及面很广的系统工程。专利信托的成功运作取决于信托公司是否可以较好地使用市场手段，并通过智能运营将相关市场要素进行低成本调动组合应用于专利信托业务，从而为业务发展夯实必要的资源和条件基础。

专利信托主要具有以下功能。第一，具有专利转移与管理功能。信托可以通过受托人的财产管理活动，实现财产转移的功能。专利信托通常在两种情况下采用。一种情况是他益信托。专利权人希望将一部分财产权转移给第三人享有，但考虑到某些因素（例如，第三人未成年、缺乏管理能力等），又不愿意立即直接向第三人转让专利。这时专利权人交付信托，通过受托人的中介设计，从而使第三人享受到与转让专利相同甚至更为优厚的益处。另一种情况是自益信托。专利权人因自己没有转化能力，或缺乏理财能力，将专利权交付信托，借受托人的管理活动，达成自己的目的。第二，具有专利资产保值与增值功能。专利信托实质上是一种财产转移与财产管理的制度设计，目的在于使享有专利的知识产品保值和增值。

保值的目的是防止专利价值的丧失或减少。增值就是通过将专利商品化和产业化，获得商业利润。受托人本着善意管理人的义务，追求专利利用的最大利润。第三，具有专利融资功能。现代信托的发展，使得信托也可以成为实现资产融资的工具，具有融资功能。通过信托合同的签订，来分割委托人（创始机构）因信托设定所拥有的信托受益权，使其得以转让给投资大众，进而获取资金。[①]

二、我国专利信托开展现状

除专利本身的局限外，造成专利转换困难的一个非常重要的原因是没有把各个方面进行有效结合。为了提高专利技术的转化率，必须筛选好的专利，拥有必要的资金，并进行适当的运营包装宣传，这些要求是必不可少的。第一，在市场经济条件下，好的专利不一定是尖端的技术项目，而是具有广阔市场前景的项目；第二，需要特殊的融资渠道来供给专利转换的资金；第三，好的专利发明人不一定是优秀的运营者；第四，在专利转换工作中容易忽略包装宣传，这导致许多专利不被人知晓。如何有机结合这些方面是解决专利转化难的关键。专利信托正是基于这些情况，与一般的市场中介行为不同，信托投资公司在接受权利人的委托后，通过发行投资受益权证筹集专利转化的风险基金，将专利、金融、产业、资本有机地组合在一起，以使所委托的专利产业化，从而使专利权人、风险投资者和专利实施者可以分享转化后的利益。

2000 年 9 月，武汉国际信托投资公司开展了我国第一次专利信托实践，专利信托产品是“无逆变器不间断电源”专利，收益权证面值 6 元，当时仅募得资金 1.32 万元。由于武汉国投与华达电子没有就专利转让达成一致，武汉国际信托投资在 2002 年年底放弃了专利信托业务，该信托产品也以失败告终。后来该“无逆变器不间断电源”专利以 700 万元的转让价

① 袁晓东．专利信托的功能及其运用领域［J］．科学学研究，2007（04）：641－642．

格转让。①

2011 年，中国技术交易所宣布将与中粮信托公司就设立“自主创新知识产权融资集合资金信托计划”签订合作备忘录。其发行额度约为 1 亿元至 1.5 亿元，可支持 20 个左右的项目，环保节能、新能源、新材料、信息技术、生物及新医药、高技术制造业、高技术服务业等将成为重点支持对象。根据《中关村国家自主创新示范区企业担保融资扶持资金管理办法》，对入选信托计划的企业，中关村管委会将给予 20% 的发行费用及利息补贴。信托公司的介入，使中国的技术交易市场诞生了一种崭新的知识产权商用化融资模式，促使研发单位可以早日将知识产权转化为现实生产力。据介绍，在整个信托计划中，中国技术交易所将扮演“伯乐”的角色，负责对数以千计的挂牌项目进行专利快速评估、专利预警、侵权分析、企业上市知识产权规划等，筛选出最具市场前景的“千里马”。而最终哪些项目能进入信托计划，则由中粮信托拍板决定。②

2018 年，全国首个知识产权信托交易在皖签约。安徽省知识产权信托交易试点签约仪式在合肥高新区举行，安徽省在全国知识产权融资模式上率先实现新突破。知识产权信托旨在以知识产权为核心，通过信托贷款的形式为“轻资产、重智力”的高科技企业解决融资难题。知识产权信托交易试点是“推进全面创新改革试验”的重点任务，安徽省 2016 年在全国率先开展理论研究和市场调研等工作，至 2018 年试点工作正式落地。③ 在本次签约仪式上，安徽中科大国祯信息科技有限公司（以下简称国祯信息）和高新担保及国元信托签订知识产权信托合作协议，共抵押 4 项发明专利，获得 1000 万元融资。在不改变知识产权权属的情况下，国祯信息将知识产权有偿委托给国元信托，由国元信托为其募集社会资金，信托协议到期后，再由国祯信息将知识产权回购。

---

① 王妍，郭万红，刘博，等. 专利运营模式分类及国内外专利运营对比分析［J］. 科技成果管理与研究，2017（11）7 - 11.

② 王刘芳. 中关村自主创新企业再添技术融资新渠道［N］. 北京日报，2010 - 11 - 10（01）.

③ 安徽省知识产权局. 全国首个知识产权信托交易在皖签约［N］. 安徽工人日报，2018 - 10 - 26（01）.

第七节　专利保险

一、专利保险概述

保险的实质是一种合同关系，投保人按照合同向保险人支付保险费，保险人承担按照合同约定赔偿保险金或支付保险金的责任，保险主要具有降低和转移风险的功能。

专利保险是指投保人根据有效专利的价值标的向保险机构进行投保，一旦出现法律风险，在保险约定期限内，保险机构应按照合同约定向投保人进行赔偿，赔偿包括由于专利维权而支出的调查费用和法律等相关费用等。

近年来，由于专利权在市场竞争中的作用越来越重要，专利诉讼也在增加。特别是国际专利诉讼案件，为了保护专利权的相关权益，专利权的诉讼费用也越来越高。一方面，专利诉讼的主要目的是通过诉讼判决确认侵权并予以制止；另一方面，可以主张相应的赔偿以弥补侵权损失。由于诉讼需要面对和解决许多问题，如技术性强、法律关系复杂、侵权对象众多、取证困难、侵权形式多样、赔偿金额难以确定、诉讼周期长、准备诉讼材料难、案件的判决结果可能不符合预期、费用高昂等，给专利权人带来了无法预估的诉讼成本，难以迅速、高效地保护专利权人的权利。

由于专利赔偿可能无法达到预期目的，专利权人在专利侵权诉讼中可能存在以下担忧：一方面，在获得赔偿之前，是否可以抵消诉讼费用并获得收益；另一方面，一旦败诉，是否可以承担相关诉讼费用。一些专利权人，特别是中小型企业和个人，承受风险的能力较弱，担心诉讼费时、费力且成本高昂，有时会放弃专利诉讼的形式，这违背了《专利法》的立法初衷。引入专利保险机制则可以分担专利权人的风险，更好地保护其合法权益。专利保险的基本功能是将风险分担给保险机构，一旦发生意外损失，保险机构将赔偿被保险人的损失或部分损失，专利保险可以弥补专利诉讼相关的诉讼费用。

专利作为一种无形财产，符合保险标的的条件，投保人对保险标的具有保险利益。专利权具有经济上确定的利益，投保人对其所拥有的专利在客观上或事实上已经存在利益，专利执行保险中的保险利益为其专利权可能遭受到的损害。在保险合同期限内预期的利益是可以估算的，专利在有效期内与有形财产一样可以进行投资、质押、入股、转让，从这个角度来讲，它和有形财产一样具有客观的经济效益，有货币价值，可以估算。当专利因被第三人侵权而使其价值受损，则其保险标的就体现为财产利益；当潜在的侵权人侵犯专利权人的权利而须承担赔偿责任，则此时保险标的表现为民事侵权责任。①

二、专利保险产品

2012 年 4 月，国家知识产权局正式启动专利保险试点工作，首批选取广东省广州市、四川省成都市、辽宁省大连市、江苏省镇江市、北京市中关村共四市一区作为专利保险试点地区，试点期限为 3 年。随后国家知识产权局发布《国家知识产权局关于确定第二批专利保险试点地区的通知》，提出正式批准 20 个地区，贯穿中国 14 个省份，展开专利保险第二批试点工作。

2014 年 6 月，国家知识产权局发布《国家知识产权试点、示范城市（城区）评定和管理办法》，提出新增 6 个地级市、10 个县级市为国家知识产权试点城市，进一步加快中国专利保险制度试点工作的进程。2014 年 12 月，国家知识产权局发布《深入实施国家知识产权战略行动计划（2014—2020 年）》，提出要增加知识产权保险品种，扩大知识产权保险试点范围，加快培育并规范知识产权保险市场，推动中国知识产权保险的发展。

2015 年 3 月，中共中央、国务院印发《关于深化体制机制改革加快实施创新驱动发展战略的若干意见》，提出建立知识产权质押融资市场化风

① 张文德. 知识产权运用［M］，北京：知识产权出版社，2015：255－257.

险补偿机制，加快推进专利保险试点。2015 年 12 月，《国务院关于新形势下加快知识产权强国建设的若干意见》提出积极推进知识产权海外侵权责任保险工作。

2016 年 8 月，国务院印发《“十三五”国家科技创新规划》，提出建立知识产权质押融资市场化风险补偿机制，简化知识产权质押融资流程，鼓励有条件的地区建立科技保险奖补机制和再保险制度。开展专利保险试点，完善专利保险服务机制。

2017 年 5 月，《中国保监会关于保险业支持实体经济发展的指导意见》提出，研究开展专利保险试点工作，分散科技企业创新风险，降低企业专利维权成本，为科技企业自主创新、融资、并购等提供全方位的保险服务。

目前，我国人保财险推出了相关专利保险业务，推出了中国人保财险“E-IP”电子商务平台。“E-IP”电子商务平台是中国人保财险为配合国家知识产权局服务国家创新驱动发展战略和知识产权强国战略而专门开发的，为科技型企业提供专利保险专属性产品介绍和预约投保服务的平台。具体包括以下几个险种。①

1. 专利执行保险

保障被保险人就受侵犯的专利权提起法律请求所产生的调查费用和法律费用。荣获第七届中国保险创新大奖“最佳责任保险产品”。

产品定位：主动进攻型产品，是打击侵权行为的费用补偿类保险，不保障被保险人因专利被侵权造成的任何经济损失。

保险责任：①调查费用。被保险人的专利权受到第三方侵害后，被保险人为获取证据在承保区域范围内进行调查时产生的合理、必要的调查费（包括但不限于聘请相关公司产生的合理费用等）、公证费、交通费、住宿费、伙食补助费。

②法律费用。被保险人就其受到侵害的专利权向法院提起诉讼、向仲裁机构提起仲裁或向行政主管部门提出行政处理请求发生的诉讼费、仲裁费、行政处理费以及律师费等其他合理、必要的费用。

① 参见中国人民保险官方网站，http://property.picc.com/qiyebaoxian/zlbx/。

③补偿的费用范围。以被保险人提起维权诉讼、仲裁申请或处理请求为时间点。

2. 侵犯专利权责任保险

保障被保险人因非故意实施第三者专利权，需依法承担的经济赔偿责任，包括合理提出专利无效宣告申请的抗辩费用及其他相关法律费用。荣获第八届中国保险创新大奖“最具创新力保险产品”。

产品定位：被动防御型产品，支持正当维权。

保险责任：①侵权损害赔偿责任。在保险期间或保险单载明的追溯期内，被保险人在从事保险单载明产品的制造、使用、许诺销售、销售、进口过程中，非因故意实施投保专利清单载明的其他专利权人依照中华人民共和国法律取得的专利权，由该专利权人在保险期间内首次向被保险人提出侵犯专利权赔偿请求，依法应由被保险人承担的经济赔偿责任。

②法律费用。被保险人就其受到侵害的专利权向法院提起诉讼、向仲裁机构提起仲裁或向行政主管部门提出行政处理请求，由此发生的诉讼费、仲裁费、行政处理费以及律师费等其他合理、必要的费用。

③专利无效申请。事先经保险人书面同意，被保险人向行政机关提出专利无效宣告申请所支出的必要的、合理的费用，保险人按照保险合同约定也负责赔偿。

主要除外责任：被保险人的故意行为、犯罪行为；未经保险人同意，提起专利无效宣告的；被保险人侵犯投保专利范围以外的专利权的。

3. 专利代理人职业责任保险

保障因被保险人造成委托人经济损失，依法需承担的经济赔偿责任及法律费用。

保险责任：①在保险期间或保险单列明的追溯期内，被保险人在中华人民共和国境内（不包括港、澳、台地区）从事专利代理业务时，因过失造成委托人的经济损失，由委托人在保险期间内首次向被保险人提出损害赔偿请求的，依法应由被保险人承担的经济赔偿责任，保险人按照保险合同约定负责赔偿。

②保险事故发生后，被保险人因保险事故而被提起仲裁或者诉讼的，对应由被保险人支付的仲裁或诉讼费用以及其他必要的、合理的费用，由

保险人承担。

4. 境外展会专利纠纷法律费用保险

保障参展境外展会时产生专利侵权纠纷支出的法律费用。

保险责任：在保险期间内，被保险人在保险单载明的境外展会参展过程中，因境外第三方主张参展展品侵犯其专利权而发送警告函，或请求海关、专利行政主管部门或司法部门采取强制措施，包括但不限于没收参展展品、颁发临时禁令、提起专利侵权诉讼等，被保险人为应对上述专利侵权纠纷而支出的律师费、行政处理费、诉讼费等相关法律费用，保险人按照保险合同约定负责赔偿。

境外展会范围：在我国境外（包括港、澳、台地区）举办的各类以传播品牌、展示产品或技术、扩展渠道、促进交易为目的的展览会、展销会、博览会、交易会、展示会等。

主要除外责任：不保障参展成本，包括展位、布展、差旅、展品等。

5. 知识产权海外侵权责任保险

系中国人保财险与劳合社、Tokio Marine Kiln 公司合作开发，针对潜在的侵权方，承保投保人在知识产权侵权案件中所涉及的潜在巨额损失和高额法律费用，保险保障覆盖全球范围。

保险责任：①被保险人侵权责任。保险期间内，因被保险人实际或预期从事保险单载明产品的制造（包括制造流程）、使用、保管、进口、销售或许诺销售、持有、许可、分销或提供过程中，非因故意侵犯第三方知识产权而在承保区域内直接引起的在保险期间内首次针对被保险人提起的知识产权侵权诉讼或被保险人在保险期间内首次知晓的且在保险期间内告知保险人的相关潜在诉讼，依法应由被保险人承担的经济赔偿责任，保险人按照保险合同约定负责赔偿。

②受偿方侵权责任。保险期间内，因受偿方实际或预期从事保险单载明产品的制造（包括制造流程）、使用、保管、进口、销售或许诺销售、持有、许可、分销或提供过程中，非因故意侵犯第三方知识产权而在承保区域内直接引起的在保险期间内首次针对受偿方提起的知识产权侵权诉讼或受偿方在保险期间内首次知晓的且在保险期间内告知保险人的相关潜在诉讼，依法应由被保险人承担的经济赔偿责任，保险人按照保险合同约定

负责赔偿。

③法律费用。保险事故发生后，被保险人或受偿方因保险事故而被提起诉讼或仲裁的，对应由被保险人或受偿方为抗辩该诉讼或仲裁（包括上诉及反诉）而支付的诉讼或仲裁费用以及事先经保险人书面同意支付的其他必要的、合理的费用，保险人按照保险合同约定负责赔偿。

保障范围：最高达7000万元赔偿限额，保险保障覆盖全球范围（除本国及受制裁国家）。

主要除外责任：不保障起保前已知事项，未投保的产品及协议，承保区域外发生的诉讼或获悉的潜在诉讼，未经保险人书面同意的费用、和解协议，被保险人终止许可合同、不支付许可合同下应付的专利权使用费产生的纠纷。

6. 专利许可信用保险

保障专利实施许可合同签署后因被许可人破产或拖欠造成许可费无法收回的风险，借此鼓励高校及其他科研机构对外实施许可，促进科技成果转化。

保险责任：被保险人在保险期间内按许可合同约定，在向被许可人交付专利产品或提供专利技术用于进行制造、使用、许诺销售、销售该专利产品后，由于下列原因引起的被保险人专利许可使用费的直接损失，保险人按照保险合同的约定负责赔偿：被许可人破产；被许可人拖欠专利许可使用费。

主要除外责任：不保障专利权转让合同和专利权代理合同，或因专利使用效果未达预期目标而产生的合同纠纷。

7. 专利质押融资保证保险

保障通过专利质押方式进行融资而未能按约清偿到期债务的借款本金余额和利息余额赔偿义务。

保险责任：在保险期间内，投保人未能按照与被保险人签订的《借款合同》的约定履行还款义务，且投保人拖欠任何一期欠款超过保险单载明的期限（赔款等待期）的，视为保险事故发生。保险人对投保人应偿还而未偿还的贷款本金和相应的利息按照保险合同的约定承担赔偿责任。赔款等待期是指保险人为了确定保险损失已经发生，被保险人提出索赔前必须等待的一段时期。赔款等待期从《借款合同》中约定的应付款日开始，由保险合同双方商定，并在保险单中载明。

承保案例：天津海鸥表业集团有限公司（以下简称海鸥表业）是我国具有重要影响力的精密机械手表机芯制造基地，70%以上产品拥有自主知识产权，其中“陀飞轮”“问表”“万年历”等手表制造技术具有国内、国际领先水平。作为民族先进制造业的代表之一，海鸥表业每年不仅大量产品出口国外，同时更要肩负起中国手表企业在国际市场上展示技术实力、打造我国强势民族品牌的重任。海鸥表业在2008年、2011年和2012年参加境外展览时分别取得了三次维权胜诉，因此深刻意识到完善海外展会预警机制的重要性。随着国家实施支持企业“走出去”、积极参与“一带一路”建设的政策，海鸥表业2017年申请投保了境外展会专利纠纷法律费用保险，使得企业可以更加自信地在国际舞台展示自身实力，参与国际竞争，更多地向国际市场介绍由我国自主研发、具有独立知识产权的先进制造产品，解除了企业对于在境外引发专利侵权纠纷支出法律费用的担心，充分发挥了保险作为企业财务“稳定器”的重要作用，对于帮助企业“走出去”、加强海外专利保护、重塑民族品牌价值起到重要的助推作用。[①]

理赔案例：2013年，佛山市玉玄宫科技开发有限公司投保专利执行保险。被保险人在专利保险期内，发现其一款磁共振的电磁治疗仪（发明专利号为ZL200510090929.9、ZL200610036313.8）的专利受到侵犯，故马上采取法律措施维权。保险公司在接到报案后，迅速给予客户索赔指引并提供咨询。被保险人与佛山市缘华知识产权代理服务事务所签订了委托调查收集证据合同，收集证据后向佛山市中级人民法院提起诉讼，法院于2013年5月9日立案受理。2014年1月14日，在禅城区经济和科技促进局举办的“首宗专利保险赔款支付仪式”上，佛山市玉玄宫科技开发有限公司负责人从中国人民财产保险股份有限公司佛山分公司手中，接过了金额为82173.10元的支票。

① 中国人民保险. 专利执行保险［EB/OL］.（2019-12-31）［2020-12-31］. https://property.picc.com/qiyebaoxian/zlbx/.

第四章

保护型专利运营

第一节 专利诉讼

一、专利诉讼概述

专利诉讼是指专利权人和诉讼另一方在人民法院进行的涉及与专利权及相关权益有关的各种诉讼的总称。专利诉讼有狭义和广义两种理解，狭义的专利诉讼是涉及有关以专利权为标的的诉讼活动，通常为专利权利人通过司法体系维护自身权利的行为，是专利权利人用于维护其市场竞争优势和保持市场份额的重要手段。

广义的专利诉讼还可以包括在专利申请阶段涉及的申请权归属的诉讼、申请专利的技术因许可实施而引起的诉讼、发明人身份确定的诉讼、专利申请在审批阶段所发生的是否能授予专利权的诉讼，以及专利权被授予前所发生的涉及专利申请人和相关权利人权益的诉讼等。主要包括以下几种类型。①

1. *权属诉讼*

专利权属诉讼是指涉及一项专利申请权或专利权最终归属于哪个主体的诉讼，主要是指专利申请权归属诉讼和专利权归属诉讼。专利申请权归属诉讼发生在专利申请阶段，专利权归属诉讼发生在专利权授予后。

2. *侵权诉讼*

专利侵权诉讼是指专利权人因专利权受非法侵害而引发的诉讼。它们可以是单一专利侵权引起的专利侵权诉讼，也可以是其他原因引起的专利侵权诉讼，如由专利实施许可和专利权转让引起的、由假冒专利引起的、

---

① 吴观乐，穆魁良，卢素华. 专利代理实务［M］. 北京：知识产权出版社，2006.02：343 -345.

由技术贸易引起的或由平行进口引起的。但其中遇到最多的是单一专利侵权引起的专利侵权诉讼。

3. 合同诉讼

专利合同诉讼是指因为不履行或部分履行专利实施许可合同或专利转让合同而引发的诉讼。这类诉讼涉及的事项是合同约定或法律规定的权利和义务。在这类诉讼中，合同当事人的违约行为是引起诉讼的重要原因和事由，专利实施许可合同或转让合同是判断和解决这类诉讼的重要依据。这类诉讼通常应当涉及双方签订的书面许可合同或书面转让合同，但也包括构成事实上的专利实施许可或专利转让但没有书面协议的情况。

4. 行政诉讼

专利行政诉讼的严格含义是专利行政行为的司法审查诉讼案件，包括：当事人因不服专利复审委员会作出的维持驳回专利申请的复审决定或无效宣告请求审查决定而提起的行政诉讼；当事人不服国家知识产权局作出的具体行政行为（包括行政复议决定）而以其为被告的行政诉讼；当事人不服地方知识产权管理部门关于停止侵权行为的处理决定、关于假冒他人专利或冒充专利作出的处罚决定而提起的行政诉讼。

5. 其他诉讼

其他有关专利的诉讼不仅包括因发明人或设计人资格而引发的诉讼，也包括职务发明创造实施并取得经济效益后，单位不依照法律规定给予发明人或设计人一定报酬或奖励而引发的诉讼等。

最常见诉讼的是专利侵权诉讼。专利侵权诉讼是指专利权人对专利权遭受非法侵害而引发的诉讼。权利人直接向法院提起专利侵权诉讼是有效打击专利侵权和维护自身权利的重要途径。与向知识产权局提出的行政投诉相比，它具有以下特点：首先，它可以要求赔偿来弥补损失，法院可以根据权利人提出的主张和侵权证据，裁定侵权人对权利人进行赔偿，而行政处罚不能裁定赔偿。其次，判决或裁定具有终结性，当事人对知识产权局的行政裁定不满意的，可以提起行政复议或者行政诉讼，经过法院一审、二审程序后的判决或者裁定具有最终效力。

为推动实施国家创新驱动发展战略，进一步加强知识产权司法保护，切实依法保护知识产权权利人合法权益，2014 年 8 月 31 日，第十二届全国人民代表大会常务委员会第十次会议通过《关于在北京、上海、广州设立知识产权法院的决定》。2014 年，最高人民法院发布《最高人民法院关于北京、上海、广州知识产权法院案件管辖的规定》。大幅提升了知识产权法院审理案件的效率。

2017 年 4 月，最高人民法院首次发布《中国知识产权司法保护纲要（2016—2020）》，确立了知识产权法院体系、证据规则、损害赔偿等八个方面的目标，以及完善管辖制度、完善技术事实查明机制、开展特别程序法问题研究等 15 项措施。2018 年 2 月，中国发布《关于加强知识产权审判领域改革创新若干问题的意见》，这是中国首个针对特定审判领域改革创新的纲领性文件，提出了加快推进知识产权审判体系和审判能力现代化的战略目标。①

2018 年 10 月，第十三届全国人民代表大会常务委员会第六次会议表决通过了最高人民法院提请审议的《关于专利等知识产权案件诉讼程序若干问题的决定》，自 2019 年 1 月 1 日起施行。该决定将专利等知识产权案件的民事和行政案件的二审审理权限集中到最高人民法院知识产权法庭，实现知识产权效力判断与侵权判断两大诉讼程序和裁判标准的对接，有利于从机制上解决制约科技创新的裁判尺度不统一等问题，提高知识产权审判质量及效率，加大知识产权司法保护力度，切实提升司法公信力。

同时，针对知识产权保护主体多元化、类别多样化等特点，我国进一步完善“严保护、大保护、快保护、同保护”的工作格局。将采取更严格的知识产权保护制度，大幅提高侵权违法成本，进一步完善相关法律法规；知识产权部门和有关部门一起综合运用审查授权、行政执法、司法保护、仲裁调解等多种渠道，形成知识产权保护的合力；实现快速审查，快速确权、快速维权的协调联动，让知识产权所有者能以更小的代价有效维权；对国内企业和国外企业，对国有企业和民营企业，对大企业和小微企业，对单位和个人的知识产权一视同仁，做到同等保护，营造更好的创新环境和营商环境。

① 雷蕾，周琦，张立峰. 知识产权审判：为创新发展保驾护航［N］. 人民法院报，2019-03-09（05）.

2020年7月，国家知识产权局专利局专利审查协作广东中心与广东省市场监督管理局（知识产权局）签署了《共建广东省专利侵权判定技术支撑机制合作协议》，共同强化广东省的专利行政裁决效能，进一步推动行政执法与司法保护的衔接机制。有力支撑了广东省8个地市的专利行政裁决重大案件的执法和裁决，各地市局对于侵权判定技术咨询意见的采纳率为百分之百，极大地促进了相关知识产权部门迅速准确地作出执法决定，提升了知识产权纠纷多元化解能力，加快推进了知识产权纠纷多元调解，充分发挥了化解民事纠纷的“分流阀”作用，获得良好的社会效益。

二、专利诉讼形式

1. 专利诉讼攻击

对于创新主体来说，如果发现市场上出现了侵权产品，通常的做法是通过法律手段，即提起侵权诉讼保护自己的权益。但盲目地提起诉讼，也会给自己带来风险，特别是对自身专利的稳定性没有十足把握的时候。此时，先对自身专利进行诉前专利稳定性判断，即侵权诉讼前的检索与分析是十分必要的。诉前专利稳定性判断，主要涉及专利权人对自身专利技术的稳定性的分析、评估，特别是涉及未经过实质审查、稳定性较弱的实用新型专利。即使是稳定性相对强的发明专利，也不可因为自己的专利处于有效状态而掉以轻心，因为在信息时代，很难保证一件专利的授权文件是全方位符合《专利法》要求、毫无纰漏的。一旦盲目进入诉讼程序，由于对自身专利技术认识不足而导致自身专利权被认定无效，则得不偿失。此外，对于实用新型或外观设计专利侵权诉讼的创新主体而言，还应该按照《专利法》的规定，提交由国务院专利行政部门对相关实用新型或者外观设计进行检索、分析和评价后作出专利权评价报告，因为专利查新检索与专利分析不仅是诉讼当事人双方的重要诉讼工具，也是法院进行侵权判断的参考依据之一。①

---

① 肖沪卫，瞿丽曼，路炜．专利战术情报方法与应用［M］．上海：上海科学技术文献出版社，2015：516.

案例：在“格力诉奥克斯空调侵害实用新型专利权纠纷案”中，空调行业的巨头珠海格力电器股份有限公司（以下简称格力）因认为宁波奥克斯空调有限公司（以下简称奥克斯）销售的空调室内机产品侵犯了其拥有的实用新型专利权，格力将奥克斯诉至广州知识产权法院，索赔额高达4000多万元。

2017年，在该案一审过程中，受广州知识产权法院委托，审协广东中心的技术顾问为该案的主审法官出具了技术调查意见。广州知识产权法院希望技术顾问从两个方面来协助技术调查，第一个是关乎侵权是否成立的10个焦点技术问题，第二个是评估被告提出的无效宣告请求。中心的技术顾问接收委托后，在1个月内做出了详细充实的技术调查意见。针对关乎侵权是否成立的10个焦点技术问题，经特征一一分析对比，权利要求的技术特征均能在实物上找到相应的特征，因而认定是相同特征，最终得出了本案侵权成立的结论。对于被告无效宣告请求的评估，中心的技术顾问对无效宣告请求人提供的16份中外文对比文件进行仔细研究、比对、讨论、合议，最终认定16份对比文件均与原告授权的技术方案存在关键区别，得出本案的权利要求被专利复审委员会认定无效的可能性不大的结论，得到了法官、技术调查官的一致认可。

2018年4月20日，广州知识产权法院对该案件做出了一审宣判，认定格力诉奥克斯侵犯其专利权的3个案件都构成了专利侵权，判令奥克斯共计赔偿格力4600万元。随后，奥克斯提出上诉，2019年8月30日，广东省高级人民法院作出二审判决，维持广州知识产权法院一审原判，认定奥克斯恶意侵权成立。奥克斯不服此项判决，并提出再审请求。2020年3月，广东省高级人民法院宣布维持原判，历时3年多的格力诉奥克斯侵犯专利权一案尘埃落定。这一判决金额刷新了到当时为止空调行业专利诉讼案赔偿金额的最高纪录，也再次引发了业内人士对于专利诉讼的热烈讨论。最终，这个案件入选了2019年度广东省知识产权审判十大案件、国内知识产权行业2018年度十大典型专利案件。

案例：在申请号2014205227290，申请日为2014年9月11日，申请人为源德盛塑胶电子（深圳）有限公司，发明名称为“一种一体式自拍装置”的专利纠纷案件中，申请人取得了巨大的商业成功。小小的自拍杆市场售价在几十元左右，但源德盛塑胶电子（深圳）有限公司通过自拍杆专利诉讼获得了数亿元的收益。自2015年9月起，多地多方请求人针对该实用新型专利轮番提出无效宣告请求，共计26次。法院对17件无效宣告请求作出了审查决定，维持有效13件，部分无效4件。该专利2018年12月获得第20届中国专利金奖。该专利的权利人在全国展开了大规模的诉讼维权行动，起诉地点遍布全国几十个省市，侵权诉讼提出数量多达4000多起。目前已结案2000多起，无一败诉。源德盛塑胶电子（深圳）有限公司善于利用诉讼武器保护专利成果，其大多通过公证处到多个非授权的售卖方购买自拍杆固定证据，然后分别提起诉讼，以制止侵权，最终从多个非授权的售卖方分别获得赔偿。这种维权方式已经通过多个案例实践，均获得法院支持并获得丰厚诉讼收益。

案例：2016年5月，华为公司分别在深圳市中级人民法院（简称深圳中院）和美国加利福尼亚州北区法院对韩国三星公司提起诉讼，要求三星公司立即停止专利侵权行为并赔偿相关损失。此次诉讼涉及4G标准专利和智能手机功能相关专利，涉案专利对智能终端产品的用户体验和互联互通十分重要，对三星公司的产品具有很高的价值。2018年1月11日，深圳中院就华为公司起诉三星公司侵犯知识产权案作出一审判决，认定三星公司在我国生产、销售的4G智能终端产品侵犯华为公司的两件专利权。三星公司不服，向广东省高级人民法院提起上诉。在美国，三星公司反诉华为公司滥用专利违反FRAND（公平、合理、无歧视）原则，该案于2018年9月在美国联邦巡回法院审理。由于此前双方已在美国市场达成和解，上述案件之后已陆续撤销。

2016年6月27日，华为公司再度以专利侵权为由将三星等公司共同诉至福建省泉州市中级人民法院（以下简称泉州中院），索赔8050万元。2017年4月，泉州中院对此案作出一审判决，认定三星公司的20余款移动终端产品构成专利侵权，判决三星公司赔偿华为公司经济损失及合理费用8050万元。随后，华为公司和三星公司均向福建省高级人民法院（以下简称福建高院）提起上诉。福建高院经审理后作出判决，除对停止侵权部分进行部分调整外，其他均维持一审判决。2016年7月，三星公司针对涉案专利向原专利复审委员会提出专利权无效宣告请求，原专利复审委员会经审理作出驳回三星公司的请求、维持专利权有效的审查决定。三星公司不服，起诉至北京知识产权法院。随后，双方又上诉至北京市高级人民法院（以下简称北京高院）。2018 年 10 月 29 日，北京高院终审判定驳回上诉，维持原判。[①]

华为进行专利诉讼并非像源德盛塑胶电子（深圳）有限公司那样，只是为了追求赔偿数额，更重要在于争夺市场份额，同时也可以建立基于专利许可的全新专利运营生态。实际上，在华为诉三星之前，华为已与苹果达成专利交叉许可合作。从后续华为与三星和解可以看出，华为起诉三星某种程度上也是为了交换三星所拥有的专利技术而采取的诉讼策略。

2. 专利诉讼防卫

有诉讼就允许抗辩。对于被诉人而言，可以利用以下几种主要抗辩手段进行针对性的应诉。

（1）不侵权抗辩。

将涉嫌侵权的客体与主张权利的权利要求保护范围进行特征对比，判断是否落入权利要求的保护范围，即是否真的侵权。

（2）现有技术抗辩。

如果判断侵权行为成立，则可以进一步判断自身使用的技术是否属于现有技术，主张现有技术抗辩。因为我国《专利法》第六十七条规定，在专利侵权纠纷中，被控侵权人有证据证明其实施的技术或者设计属于现有技术或者现有设计的，不构成侵犯专利权。

（3）不视为侵权抗辩。

我国《专利法》第七十五条规定有下列情形之一的，不视为侵犯专利权。①专利产品或者依照专利方法直接获得的产品，由专利权人或者经其许可的单位、个人售出后，使用、许诺销售、销售、进口该产品的；②在专利申请日前已经制造相同产品、使用相同方法或者已经作好制造、使用的必要准备，并且仅在原有范围内继续制造、使用的；③临时通过中国领陆、领水、领空的外国运输工具，依照其所属国同中国签订的协议或者共同参加的国际条约，或者依照互惠原则，为运输工具自身需要而在其装置

① 冯飞. 巨头专利大战，华为再下一城！［N］. 中国知识产权报，2018－04－04（09）.

和设备中使用有关专利的；④专为科学研究和实验而使用有关专利的；⑤为提供行政审批所需要的信息，制造、使用、进口专利药品或者专利医疗器械的，以及专门为其制造、进口专利药品或者专利医疗器械的。

（4）诉讼主体资格抗辩。

诉讼主体资格抗辩是指对不具有该专利诉讼主体资格的原告进行抗辩。只有有权控制专利产品市场总量的权利人或被许可人才有权提起专利侵权诉讼，包括实施专利技术的专利权人、独占许可中的被许可人、排他许可中的被许可人和专利权人、普通许可中的专利权人。原告不能证明其具备诉讼主体资格的，起诉自然应予驳回。原告不具有诉讼主体资格的情形主要有：①在普通实施许可合同中，被许可人不能单独就侵犯专利权的行为提起诉讼；②由单位享有专利权的职务发明，发明人仅有署名权和获得物质报酬权，如果侵权纠纷针对的是署名权以外的权利，则发明人无权就此提起诉讼；③在专利权发生转让的情形中，原专利权人无权就转让后的专利纠纷提起诉讼；④在合作或委托完成的发明创造中，若专利权属于某一方，则另一方无权就侵犯专利权的行为提起诉讼，即使其是该发明创造的实际发明人。

（5）经济合同抗辩。

经济合同抗辩是指被告以其实施的技术来源于与原告专利权人以外的第三者所签的合同来抗辩原告专利权人的侵权指控。

（6）超过诉讼期限抗辩。

侵犯专利权的诉讼时效为两年，自专利权人或者利害关系人得知或者应当得知侵权行为之日起计算。被告可以提出专利权人行使超过诉讼时效的抗辩。“得知”是指专利权人或者利害关系人确切发现和知道其权益受到侵害。“应当得知”是指专利权人或者利害关系人不知道其权益已经受到侵害的情况，但根据客观事实可以推定出其应该知道。

（7）禁止反悔原则抗辩。

禁止反悔原则是指专利权人在专利申请文件中或申请人与专利局之间的来往信函中，已经确认为已有技术或明确表示放弃请求的保护技术内容，在以后指控第三人侵权时不得反悔。如果专利权人在专利侵权诉讼中反悔，将其已经认为不属于其权利要求保护的技术内容扩大解释为属于其专利保护范围，法院将不予支持。禁止反悔原则是专利侵权诉讼中的一项重要原则，它是诚实信用原则在《专利法》中的体现。

（8）无效宣告抗辩。

我国《专利法》规定自国务院专利行政部门公告授予专利权之日起，任何单位或者个人认为该专利权的授予不符合本法有关规定的，可以请求专利复审委员会宣告该专利权无效。宣告无效的专利权视为自始即不存在。

案例：中国通领科技集团（原浙江东正电器有限公司，以下简称通领科技公司）与美国莱伏顿公司（以下简称莱伏顿公司）长达 3 年的海外诉讼，最后以通领科技公司胜诉而告终。此案作为我国企业参加知识产权国际竞争的一个典型案例，在中美知识产权诉讼历史上树立了第一座里程碑，极大地鼓舞了我国企业海外维权的信心和斗志。

2004 年 4 月以来，莱伏顿公司以侵犯其第 6246558 号美国专利权为由，分别在美国新墨西哥州、佛罗里达州、加利福尼亚州等地方法院起诉 4 家通领科技公司的重要客户。为维护美国客户的合法权益，树立中国企业的诚信形象，通领科技公司主动作为第二被告介入诉讼，与美国客户共进退。考虑到减少诉讼费用、集中诉讼有利于推动案件进程等因素，通领科技公司请求把全部案件移送到位于新墨西哥州的美国联邦地方分区法院审理，成功获准。2005 年 3 月 28 日，新墨西哥州联邦地区法院布朗宁法官主持召开了马克曼听证会。通领科技公司在进入美国市场之前请求美国相关律师事务所进行研究分析，该律师事务所的不侵权意见书为最终的胜诉埋下了伏笔。2006 年 5 月，通领科技公司迎来了胜利的曙光：法院下达了对案件结果具有决定性影响的马克曼命令，马克曼命令是审理专利侵权纠纷的美国法官解释专利权利要求、确定其保护范围的司法裁决。美国联邦最高法院认为，确定权利要求的含义，几乎就决定整个案件的命运。美国当地时间 2008 年 7 月 10 日，坚持在美国依法维权的通领科技公司终于获得美国新墨西哥州联邦地区法院主审法官布朗宁下达的判决书。判决书认为通领科技公司制造并销往美国的 GFCI 产品的器件并没有包含莱伏顿公司第 6246558 号专利权利要求中的相关“复位接触件”和“复位件”等要素，也不是以相同方法完成同样功能的相同或等同结构，不侵犯莱伏顿公司第 6246558 号美国专利，通领科技公司等被告依法胜诉。这是我国企业在中美知识产权海外诉讼中完胜的典型案例。通领科技公司“蚂蚁扳倒大象”的神话可能并没有行业普遍性，但通领科技公司从产品海外上市到被诉后积极应对，再到最终确立不侵权的法律地位，作为一家中小民营企业，其表现可圈可点。从通领科技公司应诉策略中可以得到两方面的启示和借鉴：企业海外市场拓展的知识产权战略配合以及企业在海外应诉时争取行业和政府支持。①

第二节 专利尽职调查

一、专利尽职调查概述

尽职调查主要是指交易一方对另一方的交易标的等进行适当的调查和评估，具体包括指定企业的规模、资产状况、信用状况、投资者状况、社会评价等。专利作为一种无形资产，具有很大的商业价值，因此，专利尽职调查也已成为尽职调查中必不可少的环节。

专利尽职调查主要发生在企业收/并购、技术引进或转让、专利投资、专利示范企业申请等过程中。在企业收/并购中，主要调查企业资产中有哪些专利以及这些专利的实质所有权归属，是否存在专利瑕疵以及评估专利价值。在技术引进或转让中，主要调查交易清单中的专利是否存在瑕疵以及评估专利的价值。在专利投资中，主要调查投资所涉及的专利的法律、技术、经济属性对投资风险的影响。在专利示范企业申请中，主要调查企业所拥有的专利权属的真实性、专利权的有效性。

专利尽职调查一般程序及涉及的调查重点见表4－1。

① 田力普．中国企业海外知识产权纠纷典型案例启示录［M］．北京：知识产权出版社，2010：5－12．

表 4-1 专利尽职调查一般程序及涉及的调查重点

调查程序	调查重点
1. 明确调查的目的、对象和范围	明确尽职调查是为了解决什么问题，调查说明什么。专利尽职调查的范围应首先聚焦核心或实质价值专利，条件允许的情况下，也可以对目标企业相关的每一项专利资产都进行详细的尽职调查
2. 梳理相关调查材料	通过数据库进行针对性检索，根据调查目的和对象，针对性地收集、清理和整理相关专利信息材料，为具体调查内容提供客观、详细的数据支撑和依据
3. 撰写形成专利尽职调查报告	对专利的现状进行说明，既可包括正向评价，也可包括风险或问题阐述，同时也可以给出解决建议。结合客观数据情况，通过定性与定量相结合的办法，进行科学、合理的评估分析，并撰写形成专利尽职调查报告

二、专利尽职调查内容

1. 专利权利瑕疵的尽职调查

专利权利瑕疵是指在经济活动中标的物所有权一方将所有权利或部分权利移交另一方时，其标的物上存在第三人的权利。因此，在各种与专利有关的交易活动中，都应进行专利权利瑕疵的尽职调查。专利的权利归属情况是尽职调查的重点之一，不但针对专利权证书上的登记状况，还包括有无共同专利权人等信息的确认。① 专利权利瑕疵的尽职调查重点见表 4-2。

表 4-2 专利权利瑕疵的尽职调查项目及内容

调查项目	调查内容
核实专利权属	检索专利授权公告说明书，查看专利权人，调查专利是否存在共同专利权人；通过专利数据库进行法律状态检索，核查专利权是否有过转让，如有转让还需核查转让合同及登记簿副本
核实专利权是否存在受限制之瑕疵	重点核查专利权是否处于质押或保全状态，专利权是否已转让他人，专利权是否已实施独占许可或排他许可等
核实专利权是否不具有可实施性	除核查专利本身的技术方案是否具有可实施性外，还应核查该专利实施是否不侵犯他人专利权

① 肖沪卫，瞿丽曼，路炜. 专利战术情报方法与应用 [M]. 2015：521-524.

2. 专利交易的尽职调查

根据专利交易尽职调查内容的复杂程度和花费的时间精力，大致可分为形式调查和实质调查两部分。① 形式调查的内容及目的重点见表4－3，实质调查的内容及目的重点见表4－4。

表4－3 形式调查的内容及目的

形式调查内容	调查目的
初步确定交易对象	通过对专利数据库的检索，明确交易对象的专利权属状况
核实专利的法律状态	核实专利是在申请中还是已经被授权，如果是申请中的专利，其不一定能够获得授权，且即使获得授权，其授权的权利要求保护范围也无法确定
核实已授权专利的有效期限	专利的价值通常会随着有效期限的缩短而降低，明确专利的有效期限有利于评估交易价格
核实专利权在哪些国家或地区有效	如果有向海外发展的意向，必须了解专利受让技术在海外专利布局的情况
核实专利是否被提出无效	如果专利正在被提出无效审查，须谨慎评估，避免“竹篮打水一场空”

表4－4 实质调查的内容及目的

实质调查内容	调查目的
了解专利权人的财务状况	通过财务状况初步判断交易的可能性
评估专利交易的价格	综合评估各方面因素的影响，例如专利的实施是否依于其他专利、专利的有效期限、是否存在替代技术、技术在所在行业的垄断程度、技术的实施成本、权利要求的保护范围、是否面临潜在的侵权诉讼等
评估专利的权利要求保护范围	专利权利要求保护范围的大小、是否容易规避直接决定专利的价值
评估专利与产品的结合度	如果购买专利技术以及专利技术所应用的产品，专利与产品的结合度决定了专利的价值
核实专利对外许可的情况	如果专利交易是以签订许可合同的方式进行，需核实其他许可的情况，尤其是竞争对手是否也获得许可

① 袁雯卿. 专利交易的尽职调查［J］. 电子知识产权，2007（9）：65－66.

续表

实质调查内容	调查目的
核实专利组合中是否存在无价值专利	如果专利的交易对象是专利组合，应对其中的专利逐一审核，避免买入无价值专利

3. 专利自由实施的尽职调查

专利自由实施（FTO）的尽职调查是指对实施该技术是否可能侵犯他人专利权和违反其他法律法规的规定而进行的调查和研究。其最核心的调查内容是对已公开的专利申请和已授权的专利文献进行检索，仔细将其与欲实施的技术进行对比，以评估后者是否属于前者的保护范围。其不仅要求对已公开的专利文献进行细致和全面的检索，还要做到对专利侵权进行深入、透彻和专业的分析。对欲实施的技术与在先的专利进行的侵权对比分析工作与在专利侵权诉讼中进行的常规侵权对比分析工作无实质性的区别。

案例：众拓光电科技有限公司（以下简称众拓光电）是一家拥有国际领先技术的硅基第三代半导体芯片产业计划技术的国家高新技术企业，其FBAR 滤波器中试生产线已完成建设，并分别与中兴、华为签署战略合作协议，拟进入量产阶段。广东粤财投资控股有限公司是广东省政府直属大型金融控股企业，受托管理广东省产业发展基金、广东珠江西岸先进装备制造产业发展基金、广东丝路基金、广东省中小微企业发展基金等 4 支基金，管理资产规模超 410 亿元。

为更好地支持广东省内芯片产业发展，解决“卡脖子”技术，更好地实现国产替代，广东省粤财基金第一轮拟投资众拓光电不超过 3 亿元（包括带动的社会资本在内）。2020 年春节前，受广东省粤财基金委托，审协广东中心为其拟投资的众拓光电的 5G 高频滤波芯片及 FBAR 技术进行 FTO 调查。委托方表示，目前中国在 5G 相关技术的研发方面处于世界领先水平，但美国、日本、韩国、欧盟等各发达国家/地区都在加快 5G 技术的研发，谋求占领全球 5G 市场，因此希望中心能在两个月内完成对众拓光电的 FTO 调查，协助委托方尽快完成产业化投资，帮助企业在抢占世界市场过程中赢得先机。

审协广东中心接受委托后，第一时间组建专项工作团队，在接受项目委托一周内提炼出经三方确认后的 FBAR 技术要点，一个半月内完成潜在侵权风险对比文件的检索、筛选、确认和技术分析比对，最终确定出 4 项高风险专利，并针对上述高风险专利和众拓光电所采用的技术进行了详尽的技术比对，给出了规避建议。目前众拓光电已经获得粤财基金的投资立项，项目正处于产业链和工艺调研中，本次 FTO 调查帮助地方资本全面掌握了在产业投资中所需要规避的专利侵权风险，保障了地方资本的有效利用，同时帮助企业进一步梳理了 FBAR 等 5G 相关技术的研发路线，有助于粤港澳大湾区产业转型升级和广深科技走廊企业快速发展。

第三节　NPE 风险防御

一、NPE 概述

NPE 是 Non-Practicing Entities 的缩写，通常翻译为非专利实施主体或者非实施主体，也有称专利经营实体或非专利运营主体，其实质就是专利权人本身并不实施专利技术，即不将专利技术应用转化于产品。

根据 NPE 的实质可以看出，非专利实施主体具有以下特征[①]。

①主体是持有专利权或专利申请权的发明人、高校、科研院所、事业单位、企业等。例如，累积拥有专利量达2000 项以上的美国加州大学、澳大利亚皇家科学与工业研究会、日本的 SEL（Semiconductor Energy Laboratory）。

②行为的对象一般分上游和下游两端。上游是指专利运营的来源，下游是指专利运营的目标。其中，专利运营的来源包括自己的技术创新、从其他处获得专利及其技术。专利运营的目标是生产、制造或销售产品的公司，或者防御具有攻击行为的公司（通过对这些公司进行专利许可获得利

---

① ALLISON, JOHN, LEMLEY, et al. Patent quality and settlement among repeat patent litigants [J]. Georgetown Law Journal, 2011, 99 (3): 684.

润或者专利诉讼保障权益)。

③非专利实施主体提供的是专利等无形产品，其本身不生产、制造或者销售有形产品，这是它与专利实施主体最大的区别。

按照非专利实施主体的运营目的，可以分为以下三种类型。[①]

(1) 科研型 NPE。

科研型 NPE 如常见的大学院校和研究实验室等，其通常进行基础研究，然后发明申请专利后对外许可，不进行产品生产。

(2) 投机型 NPE。

投机型 NPE 是购买专利的个人和团体，其利用购买所得的专利应对市场上运转成功的产品。此类公司的活动通常会遭到运营公司的痛斥，认为其行径无异于敲诈，依靠所持专利榨取了远高于专利实际附加于产品上的价值的利润，并阻碍了创新。此类公司由于不制造产品，因而无法让对手提出反诉侵权或交叉许可。也有人称其为“patent troll”，即“专利海盗”。

(3) 防御型 NPE。

防御型 NPE 同投机型 NPE 一样，也购买专利，但主要是为了对抗投机型 NPE 而成立的以防御为主的公司。同样的，这类公司由于不制造产品，因而让投机型 NPE 无法提出侵权诉讼或被交叉许可。

提到 NPE，就不得不提典型的投机型 NPE——高智发明。高智发明 (Intellectual Ventures) 是全球最著名的专利投资公司，不直接通过研发产生专利，主要以购买方式获得专利并利用诉讼或授权等方式行使专利所有权。高智发明通过其专利投资基金购买各种专利，目前该公司所拥有的专利大多数是通过购买方式获得的。高智发明还通过一些“影子公司”购买专利，这些影子公司表面上与高智发明不存在委托代理关系，但高智发明是实际的出资人，暗中操纵这些公司的资金和业务。

高智发明最为外界诟病的是其专利诉讼，高智发明的专利诉讼方式包括以下三类。[②]

---

① 陈君竹. 非专利实施主体 (NPE) 现象及其法理分析 [D]. 北京：中国政法大学，2013：5.

② 魏世杰. “高智发明”模式：创新天使还是魔鬼 [N]. 经济参考报，2013-04-11 (005).

（1）借壳诉讼。

其“借壳诉讼”因具有高度隐蔽性而遭到更严厉的批评。《纽约时报》报道，高智发明隐藏在1100多家壳公司背后发起专利诉讼威胁。高智发明通过这些壳公司发起诉讼的一个典型案例是绿洲研究（Oasis Research）诉Adrive案。2007年，高智发明从发明人Crawford处购买了6项发明，2010年7月30日高智发明将这些专利卖给成立仅12天的绿洲研究。一个月后，绿洲研究以Crawford的专利及一项当年7月授权的专利向Adrive、AT&T等18家业务涉及云计算的服务商发起专利诉讼，即Oasis Research诉Adrive案。表面上高智发明并未参与诉讼，但被认为是绿洲研究的背后操控者。

（2）直接诉讼。

2010年以来，高智发明开始“亲自”发起诉讼，且诉讼对象均为知名企业。该公司在诉讼中声称为诉讼中涉及的专利购买了大量资产并为个人发明者支付了“数亿美元”，同时公司通过授权企业使用专利获得了数十亿美元收入。2010年年底，高智发明就所拥有的4项专利向9家公司发起侵权诉讼；2011年7月，高智发明再次就其掌握的5项专利发起侵权诉讼，这次的被告阵容更加强大，包括了12家世界知名公司；2011年10月，高智发明又以6项专利侵权为由向摩托罗拉发起诉讼。

（3）诉讼威胁。

高智发明曾威胁包括黑莓生产商RIM、三星和HTC在内的多家企业，称将对它们发起专利诉讼，这些企业考虑到法律纠纷带来的经济损失和公司声誉损失而被迫与高智发明达成专利授权协议。从专利授权协议中，高智发明获得了高额经济回报，但高智发明通常回避谈及由此获得的收入，而有关企业也都拒绝对协议发表评论，因此难以获得确切的数据。

二、NPE风险防御

较低的诉讼成本和风险以及较高的潜在诉讼收益是非专利实施主体（NPE）的主要推动力，这些非专利实施主体将纯粹的投机性利润作为目标来发起专利诉讼。随着我国知识产权保护环境的不断改善，专业的NPE组织已经开始重视中国市场，并向中国法院提起专利侵权诉讼。

2016年，无线未来科技公司以专利侵权为由，将索尼移动通信产品（中国）有限公司等诉至南京市中级人民法院。原告是加拿大Wi－LAN公司旗下的子公司，而Wi－LAN公司正是一家全球知名的NPE机构。2017年，零度智控、大疆公司先后被一家公司以专利侵权为由诉至法院，而原告公司并没有任何实体产品，且该公司法人代表自称所设立的公司为“独立专利权主张实体”。尽管目前NPE在我国发起的专利诉讼数量相对较少，但对相关行业发展和专利保护的影响较大。就目前我国出现的NPE诉讼来看，被诉对象主要集中在高科技领域，计算机软件、信息通信领域尤为突出。这些领域通常覆盖大量专利，专利的关联性强、专利权利要求保护范围较广且包含功能性技术特征，更容易成为NPE的猎物。①

之前美国NPE发起专利诉讼十分活跃，现在其正逐渐选择在我国发起专利诉讼，一方面我国是全球制造业基地，拥有巨大的销售和制造市场，成功的诉讼会限制产品的生产、销售和出口；另一方面我国正在加大保护力度，提高赔偿额，缩短诉讼周期。但不能简单地将NPE与“专利海盗”划等号，个别进行恶意滥诉的NPE的确会对市场经营秩序带来不利影响。但从另一个角度来看，NPE发起的包括诉讼在内的各类运营行为，在客观上活跃了我国专利交易市场，并从侧面推动了我国知识产权保护环境的进一步完善。企业和创新主体应该更加注重知识产权，避免让NPE有机可乘。

从应对美国NPE发起的专利诉讼策略中，我们可以得到一些启示和借鉴，归纳起来主要包括三个部分：分析被指控的产品并确定相关供应商和侵权损失补偿人；找出NPE案件中的弱点；挑战NPE专利的有效性。这些策略可打乱NPE的常规部署，有可能帮助中国制造商和供应商避免向NPE支付不必要的费用。②

应对美国NPE发起的专利诉讼策略见表4－5。

① 陈婕．我国或成下一个NPE诉讼“角斗场”［N］．中国知识产权报，2017－10－25（05）．

② 莱昂纳尔·莱弗纽．如何应对美国NPE发起的专利诉讼？［N］．中国知识产权报，2015－06－24（05）．

表 4－5 应对美国 NPE 发起的专利诉讼策略及分析

应对策略	策略分析
分析被指控的产品并确定相关供应商和侵权损失补偿人	相关供应商最了解所涉及的侵权产品，并拥有证明不侵权所需的技术信息；可能知晓一些非常好的将 NPE 专利无效掉的技术；查询是否与供应商之间可能签有协议，可以补偿公司受到专利侵权诉讼造成的损失
找出 NPE 案件中的弱点	将 NPE 所主张的权利要求中的特征与被指控的产品或系统进行比较，一旦发现 NPE 指控中的弱点，可向法院解释为何产品不侵犯对方所主张的专利权利要求，并要求 NPE 提供指控依据，从而将压力转移到 NPE 身上。其实质为经过特征对比后，发现不侵权的证据，如果 NPE 无法解释其侵权指控，也无法反驳不侵权主张，则可以提出撤销起诉书的动议
挑战 NPE 专利的有效性	向美国专利及商标局（USPTO）提出专利权无效申请，可以请求联邦地区法院将案件暂停，以等待 USPTO 的裁决。向 USPTO 提出专利权无效共有 4 种主要途径：单方复审、双方复议、授权后复议以及所覆盖商业方法的授权后复议

但是，专利权敲诈不等于 NPE 诉讼。2019 年 9 月 30 日，被媒体称为“专利权敲诈第一案”的专利纠纷案件宣判。法院一审判决李某有期徒刑四年六个月、罚金五万元。案情概要如下：李某在高中便喜欢发明创造，大学期间获得多项发明奖励。李某毕业后主要的工作都与知识产权相关，实际控制五六家公司，其中包括科技、知识产权代理公司。李某与公司的研发人员共申请了六七百项专利，其中发明专利有 100 多项。李某利用手中的专利起诉多家公司，并向证监会举报涉案公司专利侵权，先后与多家公司签订专利许可协议、侵权补偿协议，实际获利 116.3 万元。

2018 年年初，司法机关侦查此案，因李某涉嫌以知识产权诉讼为手段进行敲诈勒索，将李某等人抓获。检察院起诉称：李某利用其经营的公司申请大量涉及多个技术领域的专利，未实际使用却通过上网搜索等途径寻找在生产经营中使用与其相似专利的单位，向法院提起专利权纠纷诉讼，以诉讼影响企业生产经营、上市、融资等为要挟，与被诉方签订专利实施许可合同、和解协议等，迫使对方支付钱款，换取其撤诉或不再主张专利权，先后迫使 4 家被害单位与其公司签订专利实施许可合同或和解协议，以专利实施许可费、补偿款等名义向被害单位索取 216.3 万元，实际得款

116.3 万元。该案被媒体称为“专利权敲诈第一案”。

合理的专利维权体现着专利法的立法本意。但是以非法占有为目的，弄虚作假制造被告侵权的假象，以此作为要挟的借口和手段，通过起诉、举报等方式阻碍被告上市，引起对方的恐惧从而胁迫对方获取利益，这已不属于专利维权。专利维权须合法，“碰瓷”行为不可取。

第四节　337 调查

一、337 调查概述

337 调查，是指美国国际贸易委员会（United States International Trade Commission，USITC）根据美国《1930 年关税法》（*Tariff Act of 1930*）第 337 节（以下简称“337 条款”）及相关修正案进行的调查，禁止一切不公平竞争行为或向美国出口产品中的任何不正当贸易行为。包括：产品以不正当竞争的方式或不公平的行为进入美国；产品的所有权人、进口商、代理人以不公平的方式在美国市场上销售该产品，并对美国相关产业造成实质损害或损害威胁；阻碍美国相关产业的建立；压制、操纵美国的商业和贸易；侵犯合法有效的美国商标和专利权；侵犯集成电路芯片布图设计专有权；侵犯美国法律保护的其他设计权。

“337 条款”调查的是一般不正当贸易和有关知识产权的不正当贸易。一般不正当贸易的法律构成要件有两个方面：①美国存在相关产业，或该产业正在建立中；②损害达到了一定程度，即损害或实质损害美国的相关产业，或阻止美国相关产业的建立，或压制、操纵美国的商业和贸易。知识产权方面的不正当贸易的法律构成要件也包括两个方面：①进口产品侵犯了美国的专利权、著作权、商标权等专有权；②美国存在相关产业或相关产业正在筹建中。实践中涉及侵犯美国知识产权的 337 调查大部分都是针对专利或商标侵权行为，少数调查还涉及版权、工业设计以及集成电路布图设计侵权行为等。其他形式的不公平竞争包括侵犯商业秘密、假冒经营、虚假广告、违反反垄断法等。①

337 调查的主要程序包括：申请、立案、应诉、听证前会议、取证、听证会、行政法官初裁、委员会复议并终裁、总统审议。如果任何一方当事人对 USITC 的裁决结果不服，可以向美国联邦巡回上诉法院提起上诉。根据美国《1930 年关税法》第 337 节的规定，美国国际贸易委员会应在“尽早的、可行的时间内”完成一项 337 调查并作出裁决。实践中，美国国际贸易委员会一般在 12～15 个月结束调查，复杂案件可能会延长至 18 个月。② 337 调查程序及主要内容见表 4－6。

表 4－6 337 调查程序及主要内容

程序名称	主要内容
提起 337 调查	在涉及知识产权的 337 调查中，无论美国企业（自然人）还是非美国企业（自然人），只要其认为进口产品侵犯了其在美国登记或注册的专利权、商标权、版权或集成电路布图设计权，并能够证明美国国内已经存在或正在形成相应的国内产业，都可以依法向 USITC 提起 337 调查申请。是否存在国内产业，应考虑申请人：是否在厂房和设备方面作了重要投资、是否雇用了大量劳动力或筹措了大量资金、是否对涉案知识产权的开发进行了设计、研发、许可等重大投资活动
准备申请书	申请人指控进口产品侵犯知识产权，申请书的主要内容应包括：对涉案知识产权的描述；对涉嫌侵权的进口产品的描述；涉嫌侵权产品的生产商、进口商或经销商的相关信息；涉案知识产权正在进行的其他法院诉讼或行政程序；国内产业情况及原告在该产业中的利益；诉讼请求；提供证明侵权的专利权利要求对照表
立案	USITC 应在收到申请书之日起 30 日内决定是否立案。立案公告将公布在美国政府官方刊物《联邦纪事》上，并可以在 USITC 的网站上查询

337 调查是世界上最通用、最具有杀伤力的贸易保护方法。在 337 调查中，被认定侵权的任何外国出口产品，将通过签发进口禁止令，直接禁止涉案产品的进口及其在美国市场的销售，而且无法规避。此外，337 调

① 国家知识产权局专利电学发明审查部．企业专利常见问题解答［M］．北京：知识产权出版社，2012：102.

② 钟山．美国 337 调查：规则、实务与案例［M］．北京：知识产权出版社，2012.05：274－276.

查已经跨越了国界，可能会追诉全球范围内的所有侵权行为，甚至包括非出口活动。

337 调查的被告既包括将涉案产品进口至美国的进口商或在美国销售已进口涉案产品的销售商或零售商，也包括涉案产品的制造商。337 调查是对进口产品发起的调查，即使外国公司未在美国直接建立分支机构，而是通过中间商将其产品销售到美国，也可能由于涉嫌侵权而成为 337 调查的被告。另外，如果原告在 337 调查申请中要求 USITC 发布普遍排除令，则不仅会影响到案件涉及的被告，还会影响到虽然不在被告名单中，但可以将涉案的同类产品出口到美国的企业。因此，337 调查可能影响的企业范围比较广泛。

337 调查更多主要涉及专利侵权问题，而应对诉讼所涉及的专业性和技术性很强。如果被告公司决定应诉，则应首先组建内部管理团队，团队人员应了解涉案产品的技术和原告主张的权利要求保护范围。同时，应聘请律师并根据公司自身情况确定应对策略，积极应对。如果被告不应诉，则会被视为缺席的被告。一旦 USITC 对某个被告做出缺席裁定，原告在申请中针对缺席被告的指控将被认定为成立，并且原告可以向 USITC 申请立即对缺席被告执行相关措施，包括采取排除令、禁止令或两者并取。

在 337 调查中，如果多个被告公司进行联合应诉，则可以在一定程度上整合资源、共享信息、分工协作并分摊相关费用，从而减轻单个公司的负担。实践中，由于需要与其他公司进行谈判，一些涉案公司无法做出快速决策，担心可能泄露自己的商业机密，担心其他公司搭便车，由于公司自身的情况导致无法形成统一的应对策略等因素，因此很多公司不愿意选择联合应诉。在 337 调查中，如果其他利益相关方不参与，涉案公司则会失去利用调查程序收集信息、发表意见的机会，最终可能需承担 USITC 作出普遍排除令的不利后果。

二、337 调查应诉案例

本书梳理了一些中国企业成功应诉 337 调查的案例，希望可以从这些案例中得到启示和借鉴。

1. 燕加隆复合木地板337调查案①

2005年7月1日，Unilin以来自全球的30家木地板企业（包括17家中国企业）侵犯其在美国的4项专利为由，向USITC提起337调查的申请。2007年1月24日，USITC作出终裁，认定除深圳燕加隆公司的“一拍即合”锁扣外的其他中国企业为产品均侵犯了Unilin的专利权，并签发了普遍排除令。

荷兰Unilin公司（Unilin Beheer B. V.）、美国Unilin北卡罗来纳地板公司（Unilin Flooring N. C. LLC）和爱尔兰地板工业公司（Flooring Industries Ltd.）3家企业都属于Unilin集团的子公司。Unilin集团1960年成立于比利时，是欧洲强化复合地板协会（EPLF）的创始成员。Unilin集团是世界上最早发明免胶地板锁扣的公司之一，这种锁扣技术实现了以简单、快速、无胶的方式连接地板。

2005年7月1日，荷兰Unilin公司（Unilin Beheer B. V.）、美国Unilin北卡罗来纳地板公司（Unilin Flooring N. C. LLC）和爱尔兰地板工业公司（Flooring Industries Ltd.）（以下简称Unilin）联合向USITC提起申请，指控来自全球30家木地板企业的复合木地板的进口及销售侵犯了其在美国申请的“地板锁扣”等4项专利，因此提请USITC启动337调查，并请求USITC发出普遍排除令和禁止令，以及采取正当和适宜的进一步的救济措施。2005年7月29日，USITC决定对Unilin的申请正式立案，案卷号为337-TA-545。

被申请的30家企业中，涉及17家中国企业，另外的被申诉人为3家加拿大企业、1家马来西亚企业和9家美国国内企业。其中，作为本次337调查中唯一一个获得USITC终裁胜利的企业，深圳燕加隆实业发展有限公司主要从事强化木地板等建筑装饰材料国际销售，其产品主要销往美国、加拿大、欧盟等国家和地区。本案其他16家被申请的中国企业为广州市亚马逊木业有限公司、常州市赛力木业有限公司、常州武进中鑫木业有限公

① 田力普. 中国企业海外知识产权纠纷典型案例启示录［M］. 北京：知识产权出版社，2010：123-129.

司、常州市东家装饰有限公司、财纳福诺木业（上海）有限公司、福建永安林业集团股份有限公司、浙江永吉木业有限公司、Inter Source Trading Corporation、江苏洛基木业有限公司、圣象集团有限公司、上海德克曼地板有限公司、上海正润实业发展有限公司、四川升达林产工业集团有限公司、Tsailin Floorings，Inc.、菲林格尔木业（上海）有限公司以及广东省佛山市盈彬木业有限公司。此次涉及调查的17家地板企业中的圣象、菲林格尔、升达、盈彬木业、德克曼等都属于国内实力较强的大企业。

本次调查所涉及的是复合地板的核心技术——锁扣技术，即通过内置舌片和沟槽的特殊轮廓来达到不用胶粘即可连接地板的锁扣设计。通过这种连接方式，可以提高地板接合部位的坚固性，实现地板一体成形。目前，木地板的锁扣核心技术基本掌握在欧美企业手中，中国有3000多家地板企业，申请或拥有地板锁扣专利的企业却很少，这种状况在复合地板进入中国十多年来一直存在。

本次337调查的最终结果是：中方产品中除燕加隆公司发明设计的“一拍即合”锁扣地板产品外，其他均构成专利侵权，USITC签发了普遍排除令和禁止令。这一结果意味着燕加隆公司成为中国12家应诉企业中唯一获得最终裁决胜诉的企业，燕加隆公司将不受USITC签发的普遍排除令和禁止令的影响，其锁扣地板产品可自由进入美国市场。

本案中，燕加隆公司之所以能够胜诉，关键在于燕加隆公司的“一拍即合”锁扣专利（中国专利申请号为200620112507.7），并没有采取上述Unilin的传统锁扣技术的“榫头榫槽”结构，而是改变榫头形状并通过地板材料的弹性来扣紧地板，即使用一种新型的“凸凹”结构，保证凸部、凹部之间的横向连接和水平方向锁定，使地板链接更紧密，同时设计了地板长、短边都有锁扣装置。这种垂直嵌入型锁扣突破了传统锁扣技术所采用的斜插锁扣理念，是锁扣技术领域的重大突破。燕加隆开创了地板锁扣技术发展的新领域，为中国企业在国际地板销售市场不受国外地板巨头的高昂专利费的要挟创造了条件。燕加隆“一拍即合”锁扣技术打破了欧美企业在地板锁扣技术领域长期垄断的局面，中国地板企业在锁扣技术上拥有了自主知识产权，不再受制于人。而燕加隆公司也表示愿意与中国地板企业分享“一拍锁扣”专利技术。事实上，337调查后已经有多家地板企业从燕加隆公司购买其锁扣专利的使用权，而收取专利许可费也已成为燕加隆公司的一个新的利润创收方式。燕加隆公司在此次337调查中成功获胜，一战成名，不但成就了自己，也给惨败的中国地板业带来了新的希望。

2. 盐城捷康三氯蔗糖337调查案①

三氯蔗糖是一种甜度相当于蔗糖600倍的新型甜味剂，1976年由泰莱英国公司的科学家发明，主要原料为蔗糖，安全性高，我国政府1997年批准使用，美国、欧盟、日本等120多个国家和地区先后批准使用。三氯蔗糖由于耐酸碱、耐高温、货架期长等优点被应用在全球3000多种食品和药品中；因为口感纯正且不参加人体循环、无热量、不引起血糖波动、不增加龋齿等优点被广大希望健康的消费者所喜爱。我国的消费理念也趋向于健康、安全。随着社会的发展和消费理念的进步，三氯蔗糖在中国的应用将更加普及。

2007年4月6日，英国泰莱科技有限公司和美国泰莱三氯蔗糖公司（以下合称泰莱公司）向USITC指控25家生产和代理三氯蔗糖的中外企业（随后追加了两家企业）侵犯其5项专利，申请USITC启动337调查程序，并要求签发普遍排除令和禁止令，排除所有来自美国境外的三氯蔗糖及下游产品（案卷号为337-TA-604）。在27家被指控的企业中，共有13家中国企业。13家企业分别是北京富邦信业化工有限公司、北京富邦信业贸易有限公司、河北苏科瑞科技有限公司、河北省化学工业研究院、常州市牛塘化工厂有限公司、广东省食品工业研究所、广东广业清怡食品科技有限公司、南通化学科技有限公司、南京诺朗化工有限公司、上海奥锐特国际贸易有限公司、中津药业（香港）股份有限公司、连云港中土物产国际贸易有限公司和江苏盐城捷康三氯蔗糖制造有限公司。

其中，江苏盐城捷康三氯蔗糖制造有限公司（JK Sucralose，Inc.）是柳州两面针旗下一家子公司，投资总额1.3亿元，坐落在江苏省射阳县经济开发区内，是我国第一家主动参加美国USITC知识产权调查并被认定生

① 田力普．中国企业海外知识产权纠纷典型案例启示录［M］．北京：知识产权出版社，2010：140-144.

产工艺不侵权和我国第一家在美国、欧洲设立专业直销公司的企业，是国家三氯蔗糖标准主要起草单位之一。盐城捷康围绕三氯蔗糖产品共申请了7项中国专利和4项国际专利，通过了ISO9001、HACCP、GMP等认证，以及KOSHER、HALAL等多项国际产品认证。捷康公司产品质量完全符合中国三氯蔗糖标准和FCCV、USP30、E955等国际标准，是三氯蔗糖出口最多的制造企业，产品主要销往美国和欧洲，是美国三氯蔗糖市场第二大供应商。在没有被列为被申诉人的前提下，为了保持企业产品在美国市场的生命力和竞争力，主动要求作为第三人加入该案调查。

USITC经过法定时间的审查，于2007年5月6日受理了泰莱公司的申请并在官方网站上公布了调查通知。此时，作为三氯蔗糖生产企业的捷康公司生产刚刚起步，美国市场又是捷康公司战略规划的重要开拓市场之一。泰莱公司在此时启动申请337调查对捷康公司无疑是一个沉重的打击。无论最终结果如何，捷康公司只要主动参加法律调查就必然要面临一笔高昂的律师费用，这也是泰莱公司瞅准的中国企业的一大弱点。但倘若不应诉，捷康公司将很有可能被排除在美国市场以外，前期所做的很多市场投资和销售渠道建设都将付之东流，自主研发的知识产权因产品无法进入美洲市场而大大降低价值。更重要的是，此时美国的不少终端客户通过考察，对捷康的产品抱以极大的兴趣，如果捷康采取消极的态度，将使众多美国客户对捷康的产品丧失信心。

捷康公司的高管层及律师顾问在综合考量各种因素，并先后多次听取技术研发人员对自身技术特点的汇报和与美国多家知名律师所的专利律师仔细研究后，发现USITC允许没有被告的企业只要满足USITC的法律要求就可以申请主动加入337调查，保护自身的合法权益，不用支付对方赔偿金，各自承担法律费用。而美国地方法院在案件审理中可以随时加入被告名单，但主动加入诉讼被告的生产企业客户则不能被随时加入。为了保护客户，占据市场主动权，各方一致认为捷康公司的生产工艺具有自主知识产权，捷康公司应当主动申请加入该337调查，以实际行动向所有客户证明，捷康公司的生产工艺不侵犯泰莱专利，并在第一时间占据法律主动权。

捷康公司于2007年7月向USITC递交了主动参与337-TA-604号全

部5项专利的337调查申请。泰莱公司的律师竭力反对，因为捷康的加入不仅打乱了泰莱的法律部署，而且大大消耗了泰莱的律师精力和律师费用。在泰莱没有任何捷康的证据储备和法律方案的情况下，增加了泰莱败诉的概率。捷康公司根据USITC的法律提出了5条理由：①捷康公司产品实际已经出口到美国市场；②美国市场有捷康公司已有和潜在的客户；③由于生产工艺不同，其他被告企业不能代表捷康的利益；④泰莱申请的普遍排除令经严重损害捷康的市场利益；⑤捷康可以按USITC的法定程序，在规定时间内赶上程序并完成证据递交和答辩，不会申请法律程序延期。

经过捷康代理律师的积极答辩，USITC行政法官和USITC委员会于2007年8月15日同意捷康公司主动加入USITC－337－TA－604号针对三氯蔗糖产品的337调查。捷康公司因而成为中国有史以来第一个主动申请接受USITC调查的生产企业。同时，捷康在美国知名网站FLEXNEWS向全世界声明：捷康公司充分尊重他人的知识产权，但更希望别人同样尊重捷康的知识产权。

2009年4月6日，USITC发布最终公告：按照美国国际贸易委员会的程序，盐城捷康三氯蔗糖制造有限公司在出口到美国的产品中，没有发现触犯337条款产品，未参加应讼和被判定侵权的被调查企业产品禁止出口到美国。盐城捷康公司作为中国当时主动加入USITC的337调查的公司，经过一年半时间的跨国诉讼，共支付律师费2000多万元，终于战胜了国际甜味剂巨头泰莱公司对中国同行及产品的337调查。盐城捷康公司也成为首家在美国知识产权337调查中主动加入并胜诉的企业。

本案中，捷康公司之所以能够胜诉，关键在于具有知识产权战略思想，拥有自主创新技术，盐城捷康公司在2006年进入美国市场之前就聘请美国专利律师把捷康的生产工艺与泰莱的所有专利进行比较，以确定不侵犯泰莱的专利。另外，盐城捷康积极参与到调查程序，遵守调查规则，积极提供和寻找有利于己方的证据。根据双方递交的证据资料和法庭答辩，USITC行政法官作出了捷康生产工艺不侵犯泰莱专利，泰莱一项专利无效的结论。

3. 浩洋电子LED照明337调查案①

2018年3月6日，美国科技制造企业Fraen（福雷恩）集团有限公司向USITC提出337调查申请。指控包括广州市浩洋电子股份有限公司（以下简称浩洋电子）等6家中国企业的LED照明设备及组件在对美出口、在美进口或在美销售时，侵犯美国第9411083号专利和第9772499号专利，违反了《美国1930年关税法》第337节规定。申请人请求USITC发布普遍排除令和禁止令，禁止违法LED照明设备及组件进入美国市场。

中国涉案的6家企业有5家在广州，1家在无锡。这6家企业分别是广州市浩洋电子股份有限公司、广州飞星灯光设备有限公司（广州美芯灯光音响设备有限公司）、广州乐狐电子有限公司、广州彩熠灯光有限公司、广州炫熠灯光设备有限公司、无锡市畅盛特种光源电器厂。

2018年4月10日，USITC正式决定立案，案号为337－TA－1107。浩洋电子收到来自美国的司法函件后，决定应诉并立即成立了应对小组，应对小组以董事长为首，包括法务、专利、技术、市场人员在内共10人。2018年4月14日，浩洋电子正式确定公司外部法律应诉团队，与中国君合律师团队和美国的律师团队签订法律服务协议。2018年5月10日，浩洋电子的应诉团队向美国USITC提出了对申请人（美国Fraen公司）专利稳定性的质疑，同时也向美国USITC提交了100多项证据，这些证据证明了浩洋电子的涉案产品是独立研发、在先使用，产品没有侵权。2018年6月5日，申请人向USITC提交终止对浩洋电子调查的动议。

2018年7月12日，美国USITC行政法官初裁同意申请人（美国Fraen公司）对应诉企业（浩洋电子）的终止调查动议。2018年8月8日，USITC发布终裁公告，终止对浩洋电子的调查，浩洋电子获得了胜诉。

面对337调查的指控时，广州浩洋电子毅然拿起法律武器，依法维权，积极应诉。广州浩洋电子是此次涉案的6家中国企业中唯一一家应诉的企业，并且获得了胜诉。其他企业在此次案件里属于缺席状态，美国企业

---

① 万丽，王洪艳. 浩洋电子专利案胜诉337调查的策略分析［J］. 对外经贸，2019（02）：9－11.

Fraen 预计会在以后提出即决裁决的动议，要求行政法官认定缺席的中国被告企业产品为侵权，以此取得普遍排除令。

本案中，浩洋电子之所以能够胜诉，关键在于该公司拥有专业舞台灯光产品的专利超过 400 项，拥有大量的专利以及拥有自主创新能力是浩洋电子在本次 337 调查中取得胜利最重要的资本。浩洋电子在深入分析了相关专利与产品，检索与查找了行业内同类型产品的相关专利之后，形成了非常具体有效的专利分析报告。在法律抗辩中从对方专利稳定性、独立研发、在先使用、产品无侵权等多个方面成功地向 USITC 提出了 100 多项质疑点，为后续的答辩应诉与最后的胜诉打下了坚实的基础。应诉团队制订了三大答辩要点：一是所诉的专利无效；二是浩洋电子产品不侵权；三是浩洋电子产品的进口没有损害美国国内相关产业。

从以上成功应诉案例不难发现两个共同的特点：积极应诉是涉案企业以及整个行业应对 337 调查的正确选择；研发新技术、注重专利申请和保护是应对 337 调查的根本之道。

三、337 应诉策略

“337 条款”的主要特点有两个方面：其一是短平快的调查程序（限定在 12 个月或 15 个月内结束调查），其二是非常严厉的补救措施。一旦被认定侵权，非但被告的相关产品将可能被永久禁止进入美国，而且被告国内同行业的同类产品也可能永远被禁止进入美国市场。“337 条款”的诉讼是行政诉讼，除迅捷地裁决后下达禁令之外，并不给原告以经济上的补偿。所以原告往往会双管齐下，一边在 USITC 进行行政诉讼，同时又在联邦地区法院提起民事侵权诉讼，以获得经济赔偿。①

被诉企业应首先评估美国市场是否值得花费时间、资金去应诉，权衡美国市场的收益与付出的代价。如果放弃美国市场会对企业造成较大的损失，则此时应积极应诉；反之，则可以放弃应诉。

---

① 宋臻，李代江，唐泽兵. 美国“337 条款”及其应对策略分析［J］. 经济论坛，2005（04）：33－34.

企业的应对措施涉及诉前、诉中以及败诉后三个阶段，具体见表4-7。[①②]

表4-7 337调查应诉措施

诉讼阶段	措施
诉前阶段	首先进行专利检索，确定是否有可能侵犯涉及该产品的美国专利，或涉及该产品的制造方法的美国专利，包括请专家分析产品在美国的专利保护状况。如果发现有可能侵犯美国公司专利权的情况，则应及时对产品进行修改，以免侵犯知识产权。如果存在侵权可能，则可以使用其他方法绕过专利来避开侵权。如果有些核心的专利无法绕过，也可以从专利权所有人那里取得使用专利的许可，或者与进口商取得协议，由进口商承担侵权的责任
诉中阶段	被告可以通过即决裁定的动议来减少原告施加的压力并降低风险。即决裁定的提议可以只针对主要争议，例如侵权不存在、专利的无效或不可执行，以及缺乏国内产业等。如果成功，即决裁定将该专利撤出调查范围而不需要再举行最后的听证会。即决裁定动议即使不成功，仍有利于缩小争议的范围。至少上述动议能试探行政法官在该抗辩中所持的立场。 在听证过程中被告还可以辩称自己的产品没有侵犯对方的专利权。专利权的权项可以包括一项或多项技术要素。只有当被控产品涉及权项的所有技术要素时才可以判定侵权，否则就不属于侵权。此外被告还可以辩称原告的专利权无效，如专利的权项覆盖面太宽、原告申请专利时已经存在类似的技术、专利缺乏新颖性等
败诉后	首先，被告可以根据分析或USITC认定的侵权绕过专利重新设计产品，重新获得美国市场。如果遇到实在无法绕过的核心专利，则可以与原告谈判，争取成为被告的OEM制造商，即生产贴上原告品牌的产品。 其次，被告还可以与原告谈判获得使用专利的许可，并交纳合理的许可费。这种做法对被告比较有利，因为专利许可费可以用被许可方的利润为基数，从利润中支付，这是双赢的局面。 此外，被告还可以与原告谈判成立合资企业，由原告提供专利技术，在中国制造产品。由于中国的劳动力成本低廉，许多外国公司愿意与中国公司合资生产降低成本，这也是一种双赢的局面

① 梁艳. 专利攻防战略 如何在专利战争中炼成领袖型企业［M］. 北京：法律出版社，2014：239-248.

② 易继明. 中国科技法学年刊：2007年卷［M］. 武汉：华中科技大学出版社，2008.11：352-354.

第五章

管理型专利运营

第一节 专利标准化

一、专利标准化概述

我国国家标准《标准化工作指南 第1部分：标准化和相关活动的通用术语》（GB/T 20000.1—2014），对“标准化”和“标准”分别给出了确切定义。标准化（Standardization）：“为了在既定范围内获得最佳秩序，促进共同效益，对现实问题或潜在问题确立共同使用和重复使用的条款以及编制、发布和应用文件的活动。”标准（Standard）：“通过标准化活动，按照规定的程序经协商一致制定，为各种活动或其结果提供规则、指南或特性，供共同使用和重复使用的文件。”标准化的主要效益在于为了产品、过程或服务的预期目的改进它们的适用性，促进贸易、交流以及技术合作。

从产品生产来看，标准是对生产过程条件或产品本身各项性能、质量参数或使用条件的要求，包括生产过程标准、产品质量标准、产品使用标准等。标准的统一有利于确保产品质量，提高产品兼容性、替代性等。根据标准的影响力，标准可分为企业标准、行业标准、国家标准、国际标准。而专利意味着权利人在一定的时期内对其发明创造的垄断，这种垄断是借助于国家公权力来禁止他人实施其专利技术来实现的。可见，标准与专利本是两个完全不同的制度产物，其运行机制完全不同，但是当标准与专利相结合时，专利标准化便成为一种专利运营手段。专利标准化运营就是将专利技术融入标准之中，借助于标准的普遍使用性和强制性，提高专利的经济价值和市场控制力。专利一旦与标准相结合，则专利随着标准的普及而被强制性地要求使用，其经济价值和市场控制力也将得到更大程度的体现。①

在标准中引入先进的专利技术，一方面提高了整个标准的技术水平，标准的技术水平高意味着进行下一轮技术创新的起点高，技术创新的水平也随之提高；另一方面加速了先进技术的扩散，扩大了专利技术的影响范围，这意味着专利权人的许可范围扩大，企业竞争力增加，大大激发了企业创新的积极性。标准和知识产权结合起来，给技术创新带来极大的推动力。可以使技术创新更加有效、有序地进行。②

专利技术的标准化是实施专利运营的高层次动作。由于技术标准需要相对高的稳定性，不可能反复修改替换，因此专利权人将整合后的专利技术纳入技术标准中，形成森严的堡垒，可实现其他单个公司无法实现的市场垄断。专利就意味着合法的垄断，如果能将专利上升为标准，就意味着最大程度的合法垄断，该专利获得的利润无疑是最大的垄断利润。企业应当推动技术专利化，从而促进专利标准化和标准产业化，由此抢占标准的话语权，提高自己在市场上的核心竞争力。③

从企业角度出发，专利标准化能帮助企业获得巨大竞争优势，是企业将利益最大化的最有效的方式之一。当拥有核心专利技术的企业将专利技术纳入技术标准，可以利用专利技术的专有性阻止他人使用技术标准，当用户不得不使用该标准时，标准的制定者和拥有者就可以针对专利技术的使用收取使用费。而且，在这种情况下，专利权的所有者还可以凭借对专利技术的垄断获得市场竞争优势，如控制专利许可证的发放，阻止竞争对手的市场进入。这样就使和标准捆绑在一起的专利具有了战略价值，而不再是一般意义上的专利许可收费问题。如果将专利渗透到国际标准中，专利的经济价值会更大。④

由于专利具有独占性质，一旦被标准化后，可能涉及侵犯公共利益，因此需要平衡好标准与专利之间的利益，既要鼓励创新技术进入标准，使贡献者得到适当回报，也要保护标准实施者的权益，维护市场的竞争秩

---

① 周胜生，高可，饶刚，等．专利运营之道［M］．北京：知识产权出版社，2016：99．

② 王海瀛．技术垄断的新趋势——专利标准化［J］．中国标准导报，2008（05）：16－18．

③ 杨铁军．产业专利分析报告：第19册［M］．北京：知识产权出版社，2014：431．

④ 胡佐超，余平．企业专利管理［M］．北京：北京理工大学出版社，2008：169．

序。目前，专利权人在申请进入标准时对标准制定组织需做出 FRAND 原则的承诺，FRAND 原则即“公平、合理、无歧视”（Fair，Reasonable and Non - Discriminatory）原则，该原则实质上是禁止专利权人滥用标准必要专利，包括不合理收费、不合理拒绝许可、通过许可合同迫使被许可人接受除专有技术之外的某些非专有技术产品或服务（搭售、捆绑销售）、禁止被许可人与特定企业交易和固定含有被许可技术的产品的价格等，以便规制标准中专利的授权许可行为。

国际标准化组织（ISO）、国际电工委员会（IEC）、国际电信联盟（ITU）三大国际标准组织发布了《共同专利政策实施指南》，要求各成员披露各自的专利信息及其所知悉的关于非成员的专利信息，并对成员自身的专利技术作出免费许可或按照 FRAND 原则进行许可。同样，为规范我国标准管理工作，鼓励创新和技术进步，促进国家标准合理采用新技术，保护社会公众和专利权人及相关权利人的合法权益，保障国家标准的有效实施，国家标准化管理委员会和国家知识产权局出台的《国家标准涉及专利的管理规定（暂行）》中有类似 FRAND 原则的规定。该暂行规定于 2014 年 1 月 1 日起施行，规定了在国家标准涉及专利时关于专利信息披露、专利许可声明等的处理方式，明确了专利权人在专利标准化运营中的职责和权利。

该暂行规定专利信息的披露章节规定：在国家标准制修订的任何阶段，参与标准制修订的组织或者个人应当尽早向相关全国专业标准化技术委员会或者归口单位披露其拥有和知悉的必要专利，同时提供有关专利信息及相应证明材料，并对所提供证明材料的真实性负责。参与标准制定的组织或者个人未按要求披露其拥有的专利，违反诚实信用原则的，应当承担相应的法律责任。鼓励没有参与国家标准制修订的组织或者个人在标准制修订的任何阶段披露其拥有和知悉的必要专利，同时将有关专利信息及相应证明材料提交给相关全国专业标准化技术委员会或者归口单位，并对所提供证明材料的真实性负责。

该暂行规定专利实施许可章节规定：国家标准在制修订过程中涉及专利的，全国专业标准化技术委员会或者归口单位应当及时要求专利权人或者专利申请人作出专利实施许可声明。该声明应当由专利权人或者专利申请人在以下三项内容中选择一项：①专利权人或者专利申请人同意在公平、合理、无歧视基础上，免费许可任何组织或者个人在实施该国家标准时实施其专利；②专利权人或者专利申请人同意在公平、合理、无歧视基础上，收费许可任何组织或者个人在实施该国家标准时实施其专利；③专利权人或者专利申请人不同意按照以上两种方式进行专利实施许可。

标准必要专利使用费的一个经典案例为华为诉IDC案。众所周知，华为公司是全球重要的电信设备提供商，而IDC公司是一家不进行任何实质性生产、仅以专利许可作为经营模式的公司。而且，IDC公司拥有无线通信技术领域中2G、3G、4G标准下的大量必要专利和专利申请。2008年11月开始，华为公司与IDC公司就多项标准必要专利的许可使用费进行多次谈判。但无论是以一次性支付专利许可使用费为标准，还是以专利许可使用费率为标准，IDC公司拟授权给华为公司的专利许可费均远远高于苹果、三星等公司。为此，双方一直未能达成一致。2011年7月，IDC公司将华为公司起诉至美国特拉华州法院，并向美国国际贸易委员会起诉，称华为公司涉嫌侵犯其在美国享有的7项标准必要专利，请求对华为公司启动337调查，并禁止华为公司制造、销售、进口相关产品。2011年12月，华为公司将IDC公司诉至深圳市中级人民法院，认为IDC公司违背了其承诺的义务，请求法院判令其按照“公平、合理、无歧视”（FRAND）原则确定IDC公司就其标准必要专利许可华为公司的许可费率或费率范围。据了解，IDC公司于2009年9月加入欧洲电信标准化协会（ETSI），并声明承诺给予标准必要专利实施人以公平、合理、无歧视条件的授权许可。深圳中院经审理认为，IDC公司是中国电信领域（移动终端和基础设施）技术标准的必要专利权人，根据我国法律，IDC公司应将其标准必要专利以公平、合理、无歧视的原则授权给华为公司使用。2013年2月，深圳中院作出一审判决，确定根据“公平、合理、无歧视”原则，标准必要专利许可使用费率应为0.019%。该案是我国首例标准必要专利使用费纠纷，在知识产权法律适用上具有重要意义。同时，该案首次适用FRAND原则作为裁判论述的依据，并提出计算的具体参照因素。①

我国2015年4月公布的第四次《专利法修改草案（征求意见稿）》第八十二条中，对基于技术标准产生的专利默示许可作出了相应规定，即参与国家标准制定的专利权人在标准制定过程中不披露其拥有的标准必要专利的，视为其许可该标准的实施者使用其专利技术。也就是说，在此情形下专利权人无权起诉标准实施者侵犯其标准必要专利，只能收取许可费。许可使用费由双方协商；双方不能达成协议的，可以请求地方人民政府专利行政部门裁决。

这一制度的提出源自我国专利司法审判实践。2008年7月，针对辽宁省朝阳兴诺建筑工程有限公司按照建设部颁发的行业标准《复合载体夯扩桩设计规程》设计、施工而实施标准中的专利的行为是否构成侵犯专利权问题，最高人民法院在《关于朝阳兴诺公司按照建设部颁发的行业标准〈复合载体夯扩桩设计规程〉设计、施工而实施标准中专利的行为是否构成侵犯专利权问题的函》（〔2008〕民三他字第4号）中有明确答复。最高人民法院指出，鉴于目前我国标准制定机关尚未建立有关标准中专利信息的公开披露及使用制度的实际情况，专利权人参与了标准的制定或者经其同意，将专利纳入国家、行业或者地方标准的，视为专利权人许可他人在实施标准的同时实施该专利，他人的有关实施行为不属于《专利法》第十一条所规定的侵犯专利权的行为。专利权人可以要求实施人支付一定的使用费，但支付的数额应明显低于正常的许可使用费；专利权人承诺放弃专利使用费的，依其承诺处理。

企业要想自身专利技术成为标准，应积极进行专利布局，成为行业领军者，同时积极参与标准化制定工作。例如，中兴通讯有组织地广泛参与了ITU、3GPP、3GPP2等50多个国际标准化组织，累计提交国际标准文稿1000余篇，6名专家在国际标准组织中担任领导职务，取得了11个国际标准编辑者（EDITOR）席位和起草权，其中3项国际标准已在全球正式发布。华为已参加75个国际标准组织，华为已有数百件专利进入了国际标

① 胡姝阳，赵世猛．华为诉IDC：标准必要专利使用费案开创先河［N］．中国知识产权报，2014-06-04（05）．

准，有 300 多人参加国际标准的制定。[①]

二、专利标准化案例

1. 西电捷通诉索尼公司 WAPI 专利侵权案[②]

此案被媒体报道为中国标准必要专利第一案。西电捷通诉索尼专利侵权案胜诉。2018 年 3 月 28 日，北京市高级人民法院（简称北京高院）就西安西电捷通无线网络通信股份有限公司（简称西电捷通）与索尼移动通信产品（中国）有限公司（简称索尼公司）之间的侵犯发明专利权纠纷案作出终审判决，判决驳回索尼公司的上诉，维持一审判决。

该案涉案专利为西电捷通所拥有的专利号为 ZL02139508. X、名称为“一种无线局域网移动设备安全接入及数据保密通信的方法”的发明专利，是 WAPI 领域的一件标准必要专利。2017 年 3 月，北京知识产权法院就该案作出一审判决，认定索尼公司构成专利侵权，判令其赔偿西电捷通 910 万余元。

北京知识产权法院作出上述判决后，索尼公司不服该一审判决，向北京高院提起上诉，请求法院依法撤销一审判决，改判驳回西电捷通的全部诉讼请求或将本案发回重审，判决本案一审、二审诉讼费用全部由西电捷通负担。北京高院于 2017 年 6 月 8 日立案后，依法组成合议庭对该案进行了开庭审理。

经审理，北京高院认为，该案二审焦点问题是：第一，涉案标准（GB15629. 11—2003/XG1—2006）是否全面覆盖了涉案专利权利要求；第二，索尼公司的行为是否侵犯了西电捷通的涉案专利权；第三，索尼公司关于涉案专利纳入国家强制标准的抗辩理由是否成立；第四，索尼公司侵权行为的民事责任的承担。

关于焦点问题一，北京高院审理认为，索尼公司对涉案专利技术方案

---

① 张韬．华为、中兴参与国际标准制定［N］．上海证券报，2006－11－10（B5）．

② 李逸竹．标准必要专利侵权判定标准之实践分歧与法理探析：从西电捷通诉索尼案谈起［J］．法律适用，2020（02）：3－16．

理解有误，涉案专利权利要求 1 与 GB15629. 11—2003/XG1—2006 标准中的技术方案相同。索尼公司关于涉案标准与专利技术方案存在区别的上诉主张不能成立。

关于焦点问题二，北京高院认为，关于索尼公司在全部被诉侵权产品的设计研发阶段是否需要测试 WAPI 功能，从而构成未经许可实施涉案专利的行为问题，根据案件查明的事实，由于 WAPI 测试属于型号核准的检测项目，因此手机设备研发测试中均需要进行 WAPI 测试。一审法院推定索尼公司对全部型号的涉案手机均进行了 WAPI 测试并无不当，北京高院对此予以支持。由此可以认定，至少在设计研发或样品检测阶段，索尼公司未经许可完整地实施了涉案专利技术方案，从而也可以认定索尼公司在制造被诉侵权产品的过程中未经许可实施了涉案专利，侵犯了西电捷通公司的涉案专利权。

此外，北京高院认为，虽然现有证据不能证明索尼公司在生产制造、出厂检测阶段使用了涉案专利，但是，就手机制造行业而言，无论在产品设计研发、产品定型后的生产制造以及出厂测试的哪个阶段使用了涉案专利，均构成专利法意义上的实施涉案专利的行为。据此，索尼公司在其被诉侵权产品的生产制造过程中实施了涉案专利，侵犯了西电捷通的涉案专利。索尼公司关于其不构成直接侵权的上诉主张不能成立，法院不予支持。

而关于索尼公司的行为是否构成《中华人民共和国侵权责任法》第九条第一款规定的帮助侵权的认定上，北京高院认为，本案中，包括个人用户在内的任何实施人均不能独自完整实施涉案专利。同时，也不存在单一行为人指导或控制其他行为人的实施行为，或多个行为人共同协调实施涉案专利的情形。在没有直接实施人的前提下，仅认定其中一个部件的提供者构成帮助侵权，不符合帮助侵权的构成要件，而且也过分扩大对权利人的保护，不当损害了社会公众的利益。据此，根据《最高人民法院关于审理侵犯专利权纠纷案件应用法律若干问题的解释（二）》第二十一条第一款的规定，索尼公司的行为不构成帮助侵权。据此，北京高院认为，一审判决关于索尼公司的行为构成帮助侵权行为的认定有误，北京高院予以纠正。索尼公司关于其不构成帮助侵权的上诉主张成立，予以支持。

关于焦点问题三，北京高院认为，一审判决关于西电捷通销售检测设备的行为并不会导致其权利用尽的认定并无不当，予以认可。此外，索尼公司关于涉案专利纳入国家强制标准因此其不构成侵权的上诉理由不能成立，北京高院对此不予支持。

关于焦点问题四，北京高院认为，一审判决判令索尼公司停止侵权行为具有事实和法律依据，予以支持。在赔偿数额的确定方面，西电捷通主张以涉案专利许可使用费的3倍确定赔偿数额，一审法院考虑涉案专利的类型、侵权行为的性质和情节、专利许可的性质、范围、时间等因素，参照涉案专利许可使用费的倍数合理确定索尼公司侵犯涉案专利权的赔偿数额具有事实和法律依据，北京高院对此予以支持。

最终，北京高院认为，索尼公司的部分上诉理由成立，但不影响该案的判决结果，对其上诉主张不予支持，判决驳回索尼公司的上诉，维持原判。该案因涉案双方均为行业内知名企业且涉案专利为标准必要专利，引发广泛关注和讨论。

实际上，西电捷通向北京知识产权法院控告索尼侵犯其“一种无线局域网移动设备安全接入及数据保密通信的方法”专利，该专利已被纳入国家强制标准（延期实施）。北京知识产权法院判决认为，标准必要专利与普通专利在侵权判定规则上并无不同，均适用“全面覆盖原则”。西电捷通的FRAND承诺仅是单方民事法律行为，不代表其已经作出了许可，不能认定双方已达成了专利许可合同。据此判决索尼停止实施西电捷通的WAPI专利，并赔偿后者910余万元损失。

北京高院虽维持一审判决，但在裁判思路上与原判南辕北辙。北京高院显然并不认同原审观点，而认为FRAND承诺具有法律效力，原告应担负由此产生的义务，但被告也应本着诚实信用原则进行协商，因此，究竟该由谁承担谈判破裂的责任，则应“考虑双方谈判的过程和实质条件”。北京高院对双方长达6年的协商过程中的信息往来进行了分析，认为索尼采用了拖延战术，具有明显过错，应承担谈判失败的全部责任。

2. 高通专利的标准化之路①

在标准专利化的时代，第一次出现了纯粹的专利“食利者”和知识经

---

① 王晋刚，张铁军. 专利化生存：专利刀锋与中国企业的生存困境［M］. 北京：知识产权出版社，2005：113－115.

济时代真正的“知本家”，那就是美国的高通公司。1991 年 11 月，高通成功研发出 CDMA 手机和芯片。此时高通做了两件事：一件事是把高通的 CDMA 技术提交到美国标准组织和世界标准组织，申请将其确立为世界移动通信标准；另一件事就是为 CDMA 研发过程中大大小小的技术申请了专利。很快 CDMA 成为国际标准，专利也得到批准，但推广这个标准却颇费周折。在高通推广 CDMA 的时候，全球的电信业还处在模拟通信向数字通信过渡的阶段，CDMA 技术还属于绝对超前的技术，很少有人听到过这个名词，更不用说研究和开发了，但高通坚持了下来。高通利用每一个机会宣传 CDMA 技术，阐述 CDMA 技术比 GSM 的优越性。为了推广 CDMA 标准，高通公司还发起成立了“CDMA 发展组织”，这个组织以第三方身份出现，帮助高通做了很多不便直接出面的工作。到 2003 年，全世界已有 130 个 CDMA 通信网，使用 CDMA 手机的用户超过 1.64 亿，分布在美国、韩国、中国、印度与日本等国家。在 CDMA 推广初期，没有设备和终端制造商愿意向高通交纳专利费，也没有人愿意做 CDMA 设备和手机，于是，本来想靠技术赚钱的高通自己生产制造了 CDMA 全套设备。随着 CDMA 产品和市场逐渐成熟，高通开始步入正轨，靠专利许可收费生存，随即卖掉了手机部和基站部。现在，高通的主要业务是 CDMA 手机芯片的设计及 CDMA 技术许可费。2003 年，高通公司利润的 62% 来自知识产权许可，36% 来自 CDMA 芯片。

高通的下一个挑战是 3G。为了抢进 3G 市场，高通多年来积极从事 CDMA 的专利部署，并推动 CDMA 成为 3G 产业的标准协议。这样做的目的是使得从事 3G 产品制造与销售的公司，都必须与高通签订专利授权合同。早在 1989 年，高通就已经申请与 3G 相关的专利，截至当时，比较重要的专利大约有 42 项。就在全球各大电信公司斥资数百亿美元争夺尚属空中楼阁的 3G 牌照时，高通公司却悄无声息地将左右 3G 发展趋势的核心技术专利一个接一个地握在了手中，现在高通公司掌握的 3G 专利是如此之多，以至于连它的竞争对手都不得不使用它的专利，受制于它，这无疑让高通公司左右逢源，上下通吃。高通公司推出的 3G 技术是 CDMA2000 标准。为了与高通对抗，诺基亚、爱立信等欧洲厂商代表的 GSM 阵营推出了 3G 的 CDMA 标准，即 WCDMA，这个标准看上去似乎与高通的 CDMA2000

标准有几分相似，但事实上却是一个将大量高通的CDMA技术抛在一边的标准，它推出的目的就是要终结高通公司在3G领域的主导地位。只可惜实际情况并未像他们预想的那样，有关的专利技术被证明都落入了高通的专利保护范围。到2002年夏季为止，高通公司与几乎所有计划使用WCDMA标准的厂商签署了许可协议，也就是说WCDMA标准的钱袋又落在了高通手中。高通公司称，它对这两个标准都感到满意，当然更希望CDMA2000标准能够在全世界推广。因为在CDMA2000标准上，还没有人能够与高通公司相抗衡。

3. 5G标准必要专利①②

2018年6月14日，5G国际标准制定组织3GPP正式批准5G独立组网标准冻结，这意味着5G完成了第一阶段全功能标准化工作。5G通信分为控制信道和数据信道，控制信道主要传输指令和同步数据参数等，数据信道主要传输数据。值得一提的是，根据高通、华为、爱立信、AccelerComm等近40家通信企业的多轮投票结果，3GPP最终裁定，华为Polar（极化码）和高通LDPC（低密度奇偶校验码）分别为控制信道和数据信道的5G国际编码标准。

在2G、3G、4G时代，通信核心技术大多被高通、爱立信等国外企业垄断，我国厂商不仅要缴纳高额的专利费用，还要看其脸色行事，总有一种“仰人鼻息”的压迫感。而华为5G编码方案被采纳为国际标准，意味着高通的垄断时代或将结束，中国通信技术开始崛起。但这些成绩也并不能被夸大解读成我国正在引领5G技术。华为的5G专利数量虽多，但像标准必要专利这样的核心专利占比与国际上的老牌通信企业相比还有差距，远达不到领跑5G技术的程度。

随着第五代移动通信技术标准（5G NR）独立组网功能的冻结，5G的商用步伐正在逐步加快，在国际电信联盟（ITU）的规划中，5G的标准化工作于2020年前后完成。目前，全球各国企业正在围绕5G关键技术展开技术攻坚和产业化验证。在5G关键技术专利申请数量上，中国和美国构

① 于紫月. 5G时代通信专利哪家强［N］. 中国技术市场报，2018-10-16（03）.

② 刘叶婷. 中国位列5G专利第一梯队［N］. 中国知识产权报，2018-10-10（05）.

成第一阶梯，但中国和美国各自的技术优势不同。美国由于在技术上积累深厚，因此在在先技术（例如 LDPC 码、大规模阵列天线）的二次创新和行业应用中有一定的优势。中国则是在创新型技术的研发上具有一定的优势，例如 Polar 码、NFV、SDN 和 MEC 等关键技术。对于我国来说，5G 创新工作依然任重而道远，既需要产业协同创新，也需要多维度地围绕 5G 产业特点进行创新。

随着 5G 商用进程的不断提速，5G 专利收费问题日益成为产业界关注的焦点。目前，爱立信、高通、诺基亚等国际巨头企业已相继公布了 5G 专利收费标准。与 3G、4G 时代相比，5G 的标准必要专利情况将会出现质的变化。在 5G 时代，标准必要专利的许可规则也需要变化和创新。我国是最为关注 5G 产业链的国家之一，向中国提交的 5G 专利申请最多，我国的企业在 5G 标准中已经处于第一梯队的位置。此外，结合我国产业的市场规模，可以预判我国将是全球最大的 5G 市场。

围绕 5G 专利规则工作，相信未来会在政府相关部门的指导和监督下，由行业组织牵头联合标准组织、企业结合我国 5G 发展需求，明确 5G 专利规则的方向，由多方共同协商 5G 专利信息披露、专利标准性核实、专利价值评估等具体问题；同时应对侵犯专利权和滥用专利权等问题进行约束，建立良好的 5G 专利运用环境；此外，国内还需建立一个以专利审查数据为基础的标准必要专利信息平台，建立数据互通渠道，使披露的标准必要专利信息能够与专利审查系统、法院诉讼系统相通；最后，国内外企业还应积极沟通 5G 专利收费方式，争取形成符合全球 5G 产业发展和我国国情的 5G 专利许可规则。

第二节　专利池

一、专利池概述

专利池，又称专利联盟，通常是指两个或两个以上的专利权人达成协议，相互间交叉许可或共同向第三方许可其专利的联营性组织，或者是指这种安排之下的专利集合体。专利池通常由某一技术领域内多家掌握核心专利技术的厂商通过协议结成，各成员拥有的核心专利是其进入专利池的入场券。

专利池的出现是科技发展和专利制度结合下的必然产物。尽管争议不断，但无论是支持者还是反对者都不否认专利池的存在具有积极作用。首先，专利池最重要的作用在于它能消除专利实施中的授权障碍，有利于专利技术的推广应用。其次，专利池能显著降低专利许可中的交易成本。专利池对其他厂商实行一站式打包许可，并采用统一的标准许可协议和收费标准，从而被许可厂商不必单独与专利池各成员分别进行冗长的专利许可谈判，极大地节约了双方的交易成本。最后，专利池还能减少专利纠纷，降低诉讼成本。专利池成员间的专利争议可通过内部协商解决，而无须对簿公堂。专利池所拥有专利的清单以及被许可厂商的名单都会公布于众，一旦有厂商侵犯专利权会很容易被查出，同时也减少了间接侵权的发生。①

不同的专利之间通常存在三种关系：障碍性关系、互补性关系和竞争性关系。障碍性专利往往产生于在先的基本专利和以之为基础后续开发的从属专利之间，从属专利缺少了基本专利就不可能实施，基本专利没有从属专利的辅助往往难以进行商业化开发。因此，障碍专利之间的交叉许可就显得十分必要。互补性专利一般是由不同的研究者独立研发形成的，二者之间互相依赖，各自形成某项产品或技术方法不可分离的一部分。同障碍性专利一样，互补性专利也需要相互授权才能发挥作用。竞争性专利（替代性专利）是指在某项发明实施过程中可以相互替代的专利，二者非此即彼而不是互为依存。对于竞争性专利，一般认为，如果它们存在于同一专利池中，将会引发垄断的问题。因此，排除竞争性专利进入专利池成为反垄断机关审查专利池的重要内容之一。而对于障碍性专利和互补性专利，如果将其放入同一专利池中，将会消除专利间互相许可的障碍，从而促进技术推广。2001 年 1 月 19 日，美国专利和商标局发布《专利池白皮书》，建议采用专利池形式以克服生物技术专利许可中存在的障碍，其认

① 王黎萤. 中小企业知识产权战略与方法［M］. 北京：知识产权出版社，2010：169－170.

为“专利池将有利于促进生物专利技术的获取，因而能推动研发并通过授予专利促进竞争”。①

由于专利池具有积极的作用，现代专利池随着时间变迁不断发展壮大，影响的产业范围越来越广。早在1856年，美国出现了第一个专利池——缝纫机联盟，该专利池几乎囊括了美国当时所有缝纫机专利的持有人。1917年，当时正值美国参加第一次世界大战，急需大批飞机，然而，有关飞机制造的主要专利掌握在Wright公司和Curtiss公司手中，这限制了飞机生产。于是，美国官方出面促成各飞机生产厂商组成专利池，以减少专利阻碍，扩大飞机生产。到19世纪末，专利池在美国已经十分普遍，但专利池的发展壮大开始遇到越来越多的争议。反对者认为专利池有可能导致垄断和不正当竞争，认为专利池成员常常互相勾结排斥竞争对手，控制市场价格，以非必要专利甚至无效专利进行不合理的收费。之后美国法院在一系列案例中都做出对专利池不利的判决，专利池的发展陷入低谷，这一状况直至20世纪90年代才开始改观。进入20世纪90年代以来，欧美等国政府和法院开始一改过去对专利池所持的成见，重新对它作出评判。1995年，美国司法部和联邦贸易委员会联合发布了《知识产权许可的反托拉斯指南》，明确指出一定条件下的专利交叉许可和专利池有利于竞争。1997年，基于MPEG－2数字视频压缩标准的MPEC－2专利池成立，包括哥伦比亚大学、富士通公司、朗讯、索尼等九个成员。该专利池控制了全球MPEG－2标准的数字视频压缩产业。竞争者向美国司法部指控其违反了《知识产权许可的反托拉斯指南》，但司法部最终认定该专利池并未构成垄断。之后，DVD 3C专利联盟和DVD 6C专利联盟相继成立，其产业影响更是遍及全球。②

我国专利池的建设起步较晚，基本是从2000年之后开始。从行业技术领域看，我国专利联盟集中在数字音视频编解码、电压力锅、彩电、地板、LED、电声、天然气装备、陶瓷、接木机等几个领域。比较成熟的专

① 詹映，朱雪忠. 标准和专利战的主角——专利池解析［J］. 研究与发展管理，2007（01）：92－99.

② 吴椒军. 构建我国生物产业专利池的对策研究［J］. 华东经济管理，2008（11）：66－69.

利池有 AVS、TD－SCDMA、WAPI、CBHDIGRS（闪联）、中彩联专利联盟、佛山陶瓷专利联盟、中国地板专利联盟、深圳 LED 专利联盟、广东省恩平市电声行业专利联盟、中国地板专利联盟、国家化工橡胶专利联盟、轨道交通装备制造业专利联盟、LED 产业专利联盟、电压力锅专利联盟、深圳市工业机器人专利联盟等。

总体来说，我国现有的专利池或专利联盟以企业间协作为主（例如专利谈判、专利侵权应诉等），大部分缺少核心专利，对外实施专利许可的较少。我国专利联盟中，深圳彩电专利联盟采用公司制的形式，让深圳中彩联科技有限公司管理专利联盟；AVS 专利联盟管理采用了民间非企业单位的形式，即 AVS 专利池管理中心管理专利联盟；深圳 LED 专利联盟采用了社会团体的形式，即深圳 LED 社会团体管理专利联盟。实际上具有独立管理实体的联盟数量较少，大多数联盟都不具有独立管理实体。例如，顺德电压力锅专利联盟，2008 年后由顺德知识产权协会秘书处兼任联盟秘书处，由秘书长指派专人担任联盟执行专员协助秘书长负责执行联盟具体工作，全面负责联盟的法律事务，形成了以秘书处为核心的内外兼备的管理、运营架构。①

截至 2018 年 1 月，全国共有 105 家产业知识产权联盟在国家知识产权局备案。②

二、专利池案例

1. DVD 系列专利池③

DVD（Digital Versatile Disc，即"数字通用光盘"）是 VCD 的后继产品，其单面单层容量是 VCD 的 7 倍。DVD 问世后，国内大量生产 VCD 播

---

① 韩秀成，袁有楼，周莳文．战略性新兴产业专利联盟构建的理论与实践［M］．北京：知识产权出版社，2016：194－195.

② 国家知识产权局．备案在册的产业知识产权联盟名单［EB/OL］．（2018－01－22）［2019－12－31］．http：//www.cnipa.gov.cn/ztzl/zldhsdgc/cyzscqlm/1107524.htm.

③ 田力普．中国企业海外知识产权纠纷典型案例启示录［M］．北京：知识产权出版社，2010：43－50.

放机的厂家很快跟进，转产 DVD 播放机。2001 年，全球的 DVD 产量是 2600 万台，其中我国 DVD 的产量就占 1000 多万台，占三分之一。在国内，2001 年 DVD 设备的销量大约为 400 万台，占世界生产和消费总量的四分之一。正当我国的 DVD 产业形势看上去一片大好的时候，这棵初长成的制造业的“大树”却招致了一股来势凶猛的跨国巨头刮起的专利侵权“旋风”。

1999 年 6 月，正是 DVD 开始在市场上流行的时代，“6C”（由日立、松下、JVC、三菱、东芝、时代华纳 6 大掌握 DVD 核心专利技术巨头组成的专利联盟组织）宣布“DVD 专利联合许可”声明，要求世界上所有生产 DVD 的厂商必须向其购买“专利许可”。2000 年 11 月，“6C”又出台“DVD 专利许可激励计划”，表示在 2001 年 5 月 1 日前执行专利许可协议的企业，可以享受 25% 的价格优惠，并开始与我国 DVD 企业就专利费缴纳进行谈判。

2002 年 1 月 9 日，深圳普迪公司出口到英国的 3864 台 DVD 机，被飞利浦公司向当地海关申请扣押，其依据是这些产品未经专利授权；2002 年 2 月 21 日，惠州德赛公司的 DVD 机基于同样的理由被德国海关扣押。至此，专利费之争走上国际贸易前台，逼迫出口量占世界 DVD 总产量 70% 的中国 DVD 企业直面此问题。

2002 年 3 月 8 日，“6C”发出最后通牒称，中国 DVD 企业务必在 2002 年 3 月 31 日之前与“6C”达成 DVD 专利费交纳协议并缴纳专利使用费，否则将提起诉讼。2002 年 4 月 19 日，“6C”与中国电子音响工业协会达成协议，我国公司每出口 1 台 DVD，将支付 4 美元专利使用费。2002 年 11 月，持有 DVD 专利的“6C”再次提出要求：2003 年中国的内销 DVD 也得交专利费，要价每台 12 美元。随后，中国电子音响工业协会又与“3C”（由索尼、飞利浦、先锋公司组成的专利联盟组织）签订每出口 1 台 DVD 播放机向其支付 5 美元的专利使用费协议。此外，“1C”（汤姆逊公司）收取每台售价的 2%（最低 2 美元）的专利使用费，杜比公司每台收取 1 美元的专利使用费，MPEG - LA 专利组织（由 16 家企业组成）每台收取 4 美元的专利使用费（2002 年调整为 2.5 美元）。

每台高达 16 ~ 19 美元的专利费，让前几年还在电视台争夺广告标王的中国DVD厂商沦为代工，国产品牌大量消亡。而且，由于DVD专利技术的高度扩展性、中国制造企业在世界上迅速膨胀的市场份额和专利保护的落后，加上专利费收取的顺利，使得外国厂商受DVD事件的启发和影响，开始对我国的电视机、U盘、光盘、光盘刻录机、数码相机、摩托车等生产厂家也提出了征收专利费的要求，并且有不断扩大的趋势。当时可能很快会波及PC、移动通信、生物医药等高科技领域及相关主导产业。这种情况引起了政府、产业以及媒体的高度关注和担忧。随着DVD市场的成熟，价格大幅下降，没有调整的专利费成为中国企业肩上越来越紧的枷锁。中国企业出口一台售价32美元的DVD只能赚取1美元利润，而交给国外企业的专利费却高达60%。同时，“6C”“3C”等专利联盟在与国内企业签订的协议中共有近3000项专利，在普通DVD里有用的不到10%。这种在出卖专利时不加细分，捆绑收费的做法，引起了国内DVD业界的不满。

从DVD专利池事件中，中国企业应深刻认识到需要自我创新。未来高新技术产业的竞争实际表现为专利的竞争，单一企业技术优势各不相同，选择自主创新的企业之间应进行更多的交流合作，组建专利战略联盟。同时也应建立专利诉讼预警机制，提前做好专利情报分析，利用情报实现技术更新换代，尽可能避免出现类似DVD专利池事件的被动局面。

2. AVS专利池①

数字音视频编解码技术标准（AVS）是我国牵头创制的音视频信源编码标准，是（高清晰度）数字电视、宽带网络流媒体、移动多媒体通信、激光视盘等数字音视频产业群的共性基础标准。AVS专利池管理机构的使命是把实施AVS标准所需的必要专利组织成AVS专利池，并进行“一站式”许可。AVS专利池管理机构是在中国注册的非营利组织，其指导与决策机构是AVS专利池管理委员会，具体执行机构是AVS专利池管理中心。

AVS专利池管理委员会共由19位理事组成，包括实施AVS标准所需必要专利的所有人代表、AVS标准用户代表、有政府工作背景的代表公共

---

① 数字音视频编解码技术标准工作组. AVS大事记［EB/OL］.（2002-12-31）［2019-12-31］. http：//www. avs. org. cn/history. asp？ view_year=2002.

利益的专家以及 AVS 工作组组长和 AVS 专利池管理中心主任。AVS 专利池管理委员会已经确定采用 1 元人民币政策作为目前阶段的 AVS 专利池的许可基础，在中国的专利许可，其收费标准应当体现中国的国情。原则上，在中国为使用 AVS 标准的消费者级编解码器提供的专利许可的费用为人民币 1 元/台。在中国之外其他国家和地区的许可标准，可由各方在最有竞争力以及公平、公正的原则下另行协商确定。

2009 年 7 月，GB/T 20090.2（AVS）和 ITU – T H.264（MPEG – 4 AVC）、SMPTE VC – 1 同时被列入 *ITU Technical Paper HSTP – MCTB Media Coding Toolbox for IPTV: Audio and Video Codecs*，成为三个视频编码国际标准之一。

AVS 结出的第一代音视频国家标准成果简称 AVS1，已经打造出一条从 AVS 编码器到 AVS 解码芯片、从终端整机到前端系统的完整产业链。在地面数字电视领域内实现全国地面数字电视覆盖；在柬埔寨、老挝、斯里兰卡等国的地面数字电视领域得到广泛应用。

AVS 结出的第二代音视频国家标准成果 AVS2 已在广东省实现超高清全省覆盖，中央广播电视总台也已于 2018 年 10 月 1 日开通 AVS2 超高清频道，各地新开通的 4K 频道均将采用 AVS2。对于 AVS2 专利池的许可收费，可以考虑按照许可地域进行细分，并确定不同的收费标准。

AVS 专利池是国内构建较成功的专利池典范，避免了 MPEG LA 和 ATSC 等其他专利池的收费乱局，促进了国内的 AVS 技术推广，降低了国内相关企业的专利许可成本，同时也能有效应对国外专利技术壁垒。

3. 中国彩电专利池[①]

2007 年 3 月，美国联邦通信委员会（FCC）规定，自 2007 年 3 月 1 日起，出口到美国市场的电视必须是数字电视，同时 13 英寸以上的电视必须符合先进制式委员会（ATSC）标准的技术规范。

与此同时，包括 Lucent、Zenith、汤姆逊、索尼在内的多家 ATSC 专利所有人也开始向中国彩电企业发出了具体的 ATSC 专利清单，根据当时的

---

① 郭民生. 通向未来的致胜之路 知识产权经济及其竞争优势的理论与实践［M］. 北京：知识产权出版社，2010：278 – 280.

计算，每台彩电出口要交纳的专利费用将超过 23 美元。

同年，欧洲 DVB－T 标准的专利权人陆续发函给数字电视制造商长虹、康佳、Coship、DVN 等，要求这些企业就每个使用 DVB－T 专利的产品支付 2.5 美元的专利费，付费周期要回溯 7 年，即从 2000 年开始制造的产品都要支付专利使用费。LG 电子公司在美国起诉 TCL 公司、法国汤姆逊公司，认为其 ATSC 数字电视侵犯了 LG 电子公司的 4 项美国数字电视专利。

这是继中国 DVD 行业遭遇专利危机后，中国彩电行业遭遇的最严重的一次专利危机。2007 年 3 月，TCL、长虹等 10 家中国彩电骨干企业，以每家出资 100 万元的形式，联合成立了深圳市中彩联科技有限公司（以下简称中彩联），从而联合进行专利谈判，我国电视品牌开始联合创新、共同推进自主专利池建设。

中彩联成功地与包括汤姆逊、LG、索尼在内的多家 ATSC 专利所有人进行谈判。其中，与法国汤姆逊公司的谈判是集体谈判的关键，汤姆逊公司是全球彩电专利的鼻祖，它拥有数字电视的大量专利。中彩联成立以来，经过与汤姆逊公司多次交流，确定了双方彼此作为合作对象，平等互利进行谈判与协商。中彩联以务实创新的想法和举措，汤姆逊公司以开放合作的积极心态，通过近 3 年商谈，汤姆逊将其 8000 项数字电视专利技术全部授权给中国彩电企业。这是有利于中国彩电行业发展的双赢合作模式。2019 年 1 月，中国彩电联合会与汤姆逊公司签订知识产权合作协议，汤姆逊将拥有的 8000 余项数字电视专利技术授权给创维、海信、厦华、康佳等 8 家中国彩电企业。

中国彩电专利池的运营，还能降低国产彩电出口时的费用，有效避免高额专利许可费用，同时促进我国彩电产业的创新发展。该专利池的建成实际是从竞争走向合作、从制造走向创造、由被动发展向主动发展的标志。通过谈判解决争议，合作共赢，建立专利池应对未来风险，这是给企业联合发展应对挑战的启示。

第三节 专利开放

一、专利开放概述

正常情况下，大量的专利可以帮助企业更好地占领市场，取得领先地位。但是对于某些新兴行业，在行业初期或还没有成长壮大时，如果专利过于强势，会造成其他企业根本无法进入，影响行业的繁荣发展。此时，由于行业萎缩，专利不能发挥其应有的战略价值，拥有大量核心专利的龙头企业，应通过完全或部分开放专利的使用权来推广技术，吸引更多企业参与到行业中来，促进行业发展壮大。届时龙头企业已站在市场的高位，具有专利话语权，可以获得更大的利益。因此，笔者认为，在特定的情况下，专利开放也是为了更好地占领市场而对专利进行开放管理的一种运营模式。

有的企业在不放弃权利的前提下，会把自己的专利向第三方免费开放。本来可以有偿许可的专利，为何要进行免费开放？其免费开放的策略背后，往往别具用心，其目的及原因通常如表 5－1 所示。[①]

表 5－1 专利开放的主要目的及原因

专利开放的主要目的	专利开放背后原因
为了普及产品和技术	为了迅速地让自己的产品或技术得到普及，有的专利权人会实行免费开放政策，其主要原因在于可以快速抢占市场份额，进而形成事实上的技术标准，一旦目的达到，免费开放的政策就会改变为有偿开放政策。也可以通过这种普及产品或技术的免费开放政策，左右产品或技术发展的方向，进而在后续开发中实现商业目的
为了搭售相关的产品	有的产品不是孤立地使用，于是有的专利权人通过免费开放其专利，来搭售与其专利产品相配套的其他产品

① 袁真富. 专利反向运用策略及其风险评估［J］. 中国高校科技与产业化，2009（10）：44－47.

续表

专利开放的主要目的	专利开放背后原因
为了控制产品使用者	设下免费专利陷阱，目的在于最终控制消费者，例如美国一家生物公司在发明转基因大豆的最初几年里，曾一度打着“利用先进的生物科技，帮助贫穷国家发展粮食生产”的旗号，免费向南美发放转基因大豆种子。而当这些国家的农民已经习惯于播种转基因大豆时，美国生物公司却又说，凡是今后想继续播种转基因大豆的农民，必须向该公司缴纳“产权税”。这时大家才发现，凡播种过转基因大豆的土地已无法再重新播种传统的大豆作物

二、专利开放案例

1. 软件领域专利开放

关于软件领域的专利开放，首先介绍 IBM 的专利开放策略。2005 年 1 月，IBM 宣布向开放源代码社区开放 500 件美国软件专利及所有的非美国版本，开放对象包括从事源代码的开发、销售和使用的所有企业、组织和个人。IBM 此次开放的 500 件专利涉及 14 项技术，包含数库和操作系统之间的互通性、语言处理、接口、电子商务管理、互联网信等。2005 年 4 月，IBM 向结构信息标准化促进组织（OASIS）捐赠的专利将向其他厂商免费开放；2005 年 10 月，IBM 再次开放涉及以 Web 服务、电子表格和文档格式为中心的医疗和教育相关的专利及其软件标准；2005 年 11 月，IBM 联合索尼、飞利浦及 Linux 软件经销商 Novell 和 Red Hat 组建“开放发明网络”（Open Invention Networks，OIN），其目的是收购 Linux 专利并免费提供给所有 Linux 开发者。IBM 自己宣称其专利开放的目的是建立一个全行业“专利共享”（Patent Commons）的基础。但 IBM 深谙专利运营之道，系列专利开放动作的最终商业目的在于通过扩大其基础性专利技术在商务服务领域的应用促进专利技术向标准转化，通过对标准的掌握实现企业更大的利益。为实现这一目的，IBM 大力推广其特有的刀片服务器标准和医疗教育开放软件标准，同时还联合惠普、Computing Associates、英特尔和 NEC 于 2000 年资助成立了独立的非营利性组织开源实验室（OSDL），以致力于 Linux 商业标准的制定。通过开放专利，促进开源 Linux 及其服务器、教育、医疗软件标准化，IBM 可以建立并销售其个性化的产品和服务，进而通过硬件销售、数据库、应用软件、咨询和服务等相关业务获利。①

简单来说，IBM 的大胆战略就是放弃“王冠上的珠宝”——软件专利等珍贵的知识产权。随着这些专利技术的传播，整个行业将会以更快的速度发展，进而使产业扩张，为 IBM 创造更多销售高端产品和服务的机会。IBM 采用所谓的“开放式”策略来弥补商品化带来的利润损失——通过让渡部分知识产权实现本行业更快的经济增长，“将蛋糕做大”。同时，免费赠品本身也是强大的竞争武器，以 IBM 的竞争对手微软为例，微软的相关应用软件成本高昂，但 IBM 的服务器软件 Geronimo 却是免费的，Geronimo 还和 Linux 操作系统、Firefox 浏览器捆绑在一起共同构成对微软的挑战。IBM 发现开放知识产权是打开占其收入来源 63% 的国外市场最好的敲门砖，因为使用 IBM 的源代码开放软件比购买微软的产品更划算，其可以大大打动消费者。②

2. 汽车领域专利开放

2019 年 4 月 3 日，日本丰田汽车公司（以下简称丰田汽车）向全球公开宣布，作为电动车普及措施的一环，无偿提供丰田汽车持有的关于电机、电控（PCU）、系统控制等车辆电动化技术的专利使用权（包含申请中的专利）23740 项，同时声明为了推动电动车的研发制造，对使用丰田动力传动系统的企业进行技术支援。同 2015 年丰田开放燃料电池相关专利、2018 年年底特斯拉开放所有电动汽车专利、2019 年 3 月大众宣布开放 MEB 平台一样，此次丰田开放专利也是在为被自己把持多年的混合动力技术抢占更多的技术市场份额，以期能够在未来汽车技术路线变革中继续保持领导地位。丰田汽车在 2015 年年初首次开放了燃料电池领域约 5680 件专利，但是其反响并未达到预期效果，目前全球范围内，除丰田的 Mirai、本田的 Clarity、现代的 NEXO 开始量产外，自主车企和德系车企在该领域

① 周胜生，高可，饶刚，等. 专利运营之道［M］. 北京：知识产权出版社，2016：110.

② 肖莹莹. 低成本竞争迫使 IBM 开放知识产权［N］. 经济参考报，2005-09-12（004）.

进展一直较为缓慢。同混合动力技术一样，燃料电池汽车技术也是丰田一家独大，丰田公司也担心其投入重金研发的燃料电池技术路线重蹈混合动力技术路线被边缘化的覆辙。在本次公开的专利中，燃料电池专利约8060件，约占总量的1/3。丰田公司如此积极推动燃料电池技术，一方面是由于其自身的技术优势明显，其他车企短时间内无法与其形成明显竞争，另一方面丰田希望通过专利公开，推动更多企业参与到燃料电池汽车的研发和生产，从而推动燃料电池技术路线的发展，积极构建利于燃料电池汽车发展的产业生态，从而形成规模效益。由于丰田具备很强的技术实力和成本优势，如果在2030年后燃料电池汽车能够成为主流技术路线之一，丰田仍然将会是最大的受益方。专利战略说到底是为企业经营目标服务的，是企业参与市场竞争的一种手段。无论是早期的以专利壁垒垄断市场还是当前的以专利开放换取市场，丰田的专利战略都体现出了这一特点。专利开放显然更有利于换取更大的市场空间，也更有利于实现企业的长期发展战略。①②③

无独有偶，也采用这种专利运营模式的公司还有总部设于美国加利福尼亚州硅谷的特斯拉。该公司自2003年成立后，一直致力于电动汽车的研发和生产，是世界上第一个采用锂离子电池的电动汽车公司。特斯拉2013年全球销量为2.2万辆，2014年3.5万辆，2015年5万辆。面对着产销量还不到传统汽车1%市场的电动汽车，特斯拉CEO埃隆·马斯克（Elon Musk）很快意识到特斯拉的竞争对手不是其他电动车生产商，而是传统汽车，因此在2014年6月，马斯克作出一项惊人的举动：宣布与同行分享特斯拉的所有技术专利，以推动电动汽车技术的进步。特斯拉开放的专利中，约70余件专利涉及电池技术。埃隆·马斯克宣布特斯拉公司将开放其所有专利技术，更多是从市场营销策略角度进行考虑，希望利用这种方式

---

① 丰田汽车开放专利为哪般［EB/OL］. 人民网，2019-04-10［2019-12-31］. http://ip.people.com.cn/n1/2019/0410/c179663-31022111.html.

② 王康. 丰田开放专利："阳谋"还是"阴谋"？［N］. 中国知识产权报，2015-01-21（05）.

③ 负强，陈亮，邢文超. 从专利垄断到专利开放——丰田汽车公司专利战略调整的原因及启示［J］. 全球科技经济瞭望，2019，34（9）：9-17.

带来更多的技术追随者，扩大其电动汽车技术在整个纯电动汽车领域的影响力，让使用其专利的企业共同推动其电池管理系统及独特的充电方式技术的发展，形成行业标准，从而控制整个产业链。最终，无论谁使用了特斯拉的电动汽车专利，特斯拉公司都会成为其技术路线的最大获益者，获得巨大的商业利益。

虽然专利开放模式与常规的专利运营模式似有不同，但从市场占有角度来看，它完全是一种更高层次的管理型专利运营模式。实施专利开放运营模式的企业一般都是新兴行业中的领先型企业，它们一般掌握有行业内大量的核心专利技术。在行业并不成熟、市场规模小的阶段，通过专利开放，可以大幅降低行业进入门槛，吸引更多厂商加入该行业中来，由此促进行业发展。领先型企业借助专利申请公开前的保密阶段和其他企业消化吸收新公开专利技术的时间差，在持续研发投入下仍然可以保持行业领先地位。相反，如果领先型企业固守掌握的大量核心专利，行业发展不起来，那么其专利价值也难以实现。另外，通过开放专利，在某种程度下有利于形成并建立行业标准，进一步巩固在行业中的领先地位，并通过对标准的掌控继续引领行业未来。

第四节　技术许可办公室

一、技术许可办公室概述

目前我国高校及科研院所仍面临专利技术转化率不高、专利许可供需信息不对称、转化服务不足等问题。美国在《拜杜法案》的推动下，各高校及科研院所大力促进科学技术的转移转化。斯坦福大学于 1970 年 1 月 1 日率先成立技术许可办公室（Office of Technology Licensing，OTL），专职负责斯坦福大学专利申请和科学技术成果的转移转化工作。OTL 在实践中将产学研紧密结合，取得了巨大的成效。

OTL 重视专利营销，由高校成立专职办公室来管理专利相关事务，工作的重点聚焦专利营销，以专利营销促进专利的申请及保护等。技术许可办公室对其内部工作人员要求较高，既要有技术背景，能看懂技术文件，又要掌握相关法律、经济、管理、谈判等知识，通常被称为“技术经理”。OTL 鼓励科研人员分享技术研发成果所带来的利益，例如专利的发明人和发明人所在学院、系、实验室等均可以分享专利许可收入。

OTL 专利运营通常情况下包括以下几个步骤。

第一步，发明人在完成相关技术研发或发明后，向 OTL 提交“发明和技术披露表”。OTL 立即启动备案，并交由相关的技术经理全过程负责。

第二步，技术经理综合各方信息进行专业评估，例如评估专利的新颖性、创造性、可专利性、是否能产业化制造、市场前景等，由此决定学校是否申请专利。

第三步，取得专利后，立即进行专利营销，而不是待价而沽。技术经理积极寻找潜在许可客户，该客户通常具备使该项专利商业化的基本条件。

第四步，技术经理进行专利许可谈判，达成双方都满意的条件，签订专利许可协议。

第五步，后续监督管理。技术经理联系发明人提供技术支持，监督被许可方的转移转化情况，收取和分配专利许可收益等，许可收益通常分为现金收益和股权收益。

许可收益的分配模式通常为固定比例分配或累计递减比例分配。例如，斯坦福大学采用固定比例分配模式，OTL 收取 15% 的管理费，剩余 85% 由发明人、学院、学校均分，即各占 1/3。而耶鲁大学采用的模式为当收益在 10 万美元以下，则发明人和校统筹基金各占 50%；收益在 10 万 ~ 20 万美元，则发明人占 40%，校统筹基金占 60%；收益在 20 万美元及以上，则发明人占 30%，校统筹基金占 70%。各高校可根据自身实际情况，制定合理的分配政策。

二、技术许可办公室模式

20 世纪 90 年代，英国、日本等国家的高校、科研院所也纷纷效仿斯坦福大学建立类似的技术许可办公室，例如英国的剑桥大学、牛津大学，日本关西技术许可组织（Technology Licensing Organization，TLO，京都大学等多校联合），其运营流程大体相似。下面以美国斯坦福大学和我国清华大学为例分别介绍。

1. 斯坦福大学

斯坦福大学（Stanford University）于1885年成立，1891年开始招生，全名小利兰·斯坦福大学（Leland Stanford Junior University），简称“斯坦福”。斯坦福大学位于美国加利福尼亚州旧金山湾区，邻近高科技园区硅谷（Silicon Valley），是世界著名私立研究型大学。

斯坦福OTL的主要职责是负责科研成果、专利的市场营销，专利占OTL许可活动的大多数，但OTL也处理版权（软件和其他内容）、有形研究财产和生物材料相关的转让协议。

斯坦福OTL在校内由斯坦福大学教务长与研究主管共同管理，内部组织架构包括执行主任、战略联盟高级副主任、副主任、主任助理。下设技术许可部门（主要由技术经理人和助理经理人组成）和专门负责产学研发合作的产业合同办公室（Industrial Contract Office，ICO）团队，同时还设有合规管理部门、知识产权管理部门、协议部门、信息部门、企业发展和战略营销部门、业务运作和会计部门、实习部门等。

技术许可部门主要负责与发明人沟通，为发明成果的专利管理提供服务；对技术进行评价，与现有技术进行比较，判断是否为当前热点领域及是否申请专利；对技术的商业价值进行评估，预测潜在的市场前景；将合适的技术成果介绍给相应对口企业，并与意向企业展开技术许可谈判。ICO主要负责与产业界谈判赞助和其他与研究有关的协议。如果成果转化将涉及与产业界的谈判或资助，或者如果需要来自斯坦福大学以外的实验室的研究材料，则ICO将代表大学谈判和签署协议。

斯坦福OTL成立50余年来，已经审查了1万多项发明披露，完成了3500多项许可协议，斯坦福大学带来了超过15亿美元的回报。其标准操作流程如下①。

---

① 参见斯坦福大学官方网站，https：//otl. stanford. edu/inventors/our - process。

（1）披露。

在披露过程中，发明者提供对其技术的描述，并向 OTL 提交表格，解释发明及技术披露信息。披露的信息包括本发明的记录（描述性信息）、所涉发明人、赞助该项工作的发明人以及公开披露信息和出版物。

（2）分配指派。

OTL 将收到的披露信息进行登记，分配一个待审的编号，同时指派给特定的技术经理，该技术经理负责与待审文件有关的所有行动。

（3）评价。

技术经理将与发明人会面，他们将共同讨论这项发明，并对制造的可行性、可专利性、新颖性、潜在的应用和可能的市场进行初步评估。如果实施该发明，将制定初步许可策略。在此阶段，OTL 还欢迎发明者就授权技术的最佳策略提出建议（如独占与非独占）。不同的发明需要不同的许可策略。例如，一种可能被广泛使用的基本科学技术通常是在非排他性的基础上获得许可。相反，一项要求公司对资源进行大量投资的发明通常是在独家基础上获得许可。

（4）专利申请。

OTL 并不能为收到的所有发明披露提交专利申请。在申请之前，必须考虑到一项技术可以成功地获得专利或许可的可能性。例如，先前的披露或数据不足，可能使一项发明难以获得专利；小的潜在市场或高的潜在开发成本可能使一项发明难以获得许可。如果一项专利在考虑上述条件后经评估能够获得授权，OTL 技术经理将与发明人协商选择专利代理人。专利代理人负责撰写专利申请和对专利局的审查意见进行答复。

（5）营销。

制定许可战略的重要组成部分是从各种来源寻求有关市场风险的信息和反馈。OTL 收集更多信息的方式之一是将这项技术推销给那些可能有兴趣投入资金、人力和资源以供更广泛使用的公司。通过市场营销，OTL 与发明者合作编写一份非机密摘要，通过 OTL 的网站提供，并直接发送给目标公司。在这一点上，OTL 充分考虑发明者对本发明的技术和市场可行性的建议，以及与特定公司联系的线索。事实上，最好的许可线索往往来自发明者。如果一家公司对市场营销做出回应，并要求提供更多的技术信息，OTL 通常会要求发明者提供这方面的信息。如有必要，可签署保密协议进行这一工作。

（6）谈判。

如果营销成功，公司表现出强烈的兴趣，那么技术经理将开始与潜在的被许可方进行许可证谈判。这首先是一项许可提案（来自关联方或公司），然后是谈判，谈判可能需要考虑双方的诉求，以便达成一项双方都满意的协议。许可协议的条款将根据具体的技术、市场和公司而有所不同。例如，初创公司通常无法支付大量的初始付款，但能够在产品上市后用公司的股本和/或付款进行补偿。

（7）监测进展情况。

签署许可协议是斯坦福与公司之间合作关系的开始。OTL 在许可有效期内监测被许可方的进展，这通常是通过许可协议中所要求的定期监测财务或开发报告来实现。

（8）许可费分享（现金）。

许可费由 OTL 收取，在扣除以支持 OTL 的运作管理费和一些支出费用（如未由被许可方支付的专利费用）之后，发明人、发明人所在学院、学校各得 1/3。学院和学校所得费用必须仅用于研究或教育目的，在多个发明者的情况下，除非所有发明人同意不同的分配方案，否则 OTL 将平均分配给每个发明者。

（9）股权分享。

有时，OTL 接受股权代替现金作为许可费的一部分。在 OTL 获得 15% 的份额后，股权由发明人和 OTL 研究基金共同分享，该基金由斯坦福管理公司管理，直到股权被清算为止。

（10）修订许可。

随着技术、公司和市场的发展，往往有必要重新评估许可关系，以适应变化的环境。任何一方均可在许可协议存续期间的任何时候要求对其进行修正。

通过对斯坦福 OTL 的分析可知，其成功的运营离不开专业的技术转移团队、出色的专利营销、合理明确的收益分配政策、科学周密的技术转移流程。实质上，斯坦福 OTL 是财政自给自足的高校管理机构，它所采取的模式类似于企业的商业化运作模式，技术转移团队既有专业技术背景，又有企业工作的商业经验。

2. 清华大学

清华大学的前身清华学堂始建于1911年，是我国著名的综合性、研究型大学。2008年8月，为贯彻落实《国家中长期科学和技术发展规划纲要（2006—2020年）》，积极发展技术市场，大力推进自主创新，加快建设以企业为主体、市场为导向、产学研相结合的技术创新体系，根据《国家技术转移促进行动实施方案》和《国家技术转移示范机构管理办法》，经各省、自治区、直辖市、计划单列市科技厅（委、局）、国务院有关部门推荐和专家评审，确定清华大学国家技术转移中心等76家机构为首批国家技术转移示范机构。清华大学拥有完备的专利技术运营机构，包括技术转移研究院、国际技术转移中心、清华大学与企业合作委员会、清华大学科技开发部、清华大学海外项目部等。从OTL运营模式的角度来看，技术转移研究院采用类似OTL的模式，下面重点进行介绍。

根据清华大学科技成果转化服务手册介绍[①]，2015年12月，清华大学制定《清华大学科技成果评估、处置和利益分配管理办法（试行）》并于2017年进行修订，经过多年实践探索，现已建立较为成熟的科技成果转化服务体系。相关政策的颁布极大地鼓舞了广大师生“把论文写在祖国大地上，把科技成果应用在实现现代化的伟大事业中”的热情。清华大学的学校知识产权管理领导小组统筹协调和管理学校知识产权和技术转移工作。技术转移研究院是学校知识产权管理领导小组的办事机构，负责日常管理工作，同时具体负责学校知识产权和技术转移的日常工作。如果科研人员认为某项科技成果有商业化的可能性，就可向技术转移研究院披露该项成果。

技术转移研究院可提供的服务与资源主要包括开展高价值专利培育、组织市场推广和合作洽谈、汇聚资源推动成果落地。高质量、高效率的成果转化离不开完成人的积极参与。基于完成人提供的详尽、准确的技术信

---

① 清华大学技术转移研究院. 科技成果转化服务手册［EB/OL］.（2020－8－25）［2021－5－30］. http：//ott. tsinghua. edu. cn/xzzq/fwsc. htm.

息，技术转移研究院将协助开展从发明产生、申报、授权、维持到转化实施的全生命周期管理与运营。首先，对于开展高价值专利培育，技术转移研究院将协同图书馆、外部合作伙伴围绕学校重点技术领域和重大项目开展专利导航和专利信息分析，服务相关领域科学研究，推动成果转化。建立技术评估机制，对重点技术组织专利布局分析。拓展知识产权保护基金，支持重点技术在全球范围内开展知识产权布局。优化知识产权代理机构的选聘和过程评估，引入高水平的专业服务，协助科研团队进行高质量的知识产权保护。对于组织市场推广和合作洽谈，技术转移研究院积极拓展合作资源，围绕科技成果转化需求，寻找潜在的合作伙伴并组织洽谈活动。潜在的合作伙伴应承诺未来会投入充足的资金、人才和时间等推动技术商业化进程。合作谈判时，完成人的意见和决定至关重要。整个转化过程中，完成人和技术转移研究院保持良好的沟通是非常必要的。技术转移研究院也会综合各方资源，尽量科学合理安排对接活动，节约完成人的宝贵时间。对于汇聚资源推动成果落地，技术转移研究院与科研院、国内合作办公室、清华控股、经管学院、五道口金融学院、继续教育学院、校友会、基金会、兴趣团队等创新创业平台和各院系等携手，与校地合作研究院、地方政府、投资机构、专业服务机构紧密合作，汇聚人才、技术、资本、产业、空间、政策、专业服务等多方资源，共同推动学校科技成果成功转化落地，为促进经济发展和改善社会福祉做出贡献。2015—2019 年，清华大学累积转移科技成果 390 项，项目总额约 19 亿元，受奖励人员 1047 人次。

科技成果转化是一个持续且环环相扣的过程。在这个过程中，技术转移研究院协同学校相关部门从成果披露开始介入，经过成果评估、知识产权保护、市场推广、形成转化方案，最终帮助学校和成果完成人与合作方签约或投资成立新公司。科技成果转化所产生的收益将按照国家法律和清华大学相关规定，返还学校、院系和完成人团队。清华大学技术转移研究院的专利运营流程主要包括以下几个方面。

（1）研发阶段。

虽然将科研成果通过论文或学术报告公开发表，有利于实现与全球学者在同一平台的沟通交流，提升学术影响。但考虑到技术可能存在的商业化前景，在公开技术成果之前（发表文章或学术报告），建议先开展知识产权的申请和登记工作。

（2）知识产权保护。

知识产权保护在科技成果转化过程中占有重要地位。清晰的知识产权归属将降低技术商业化过程中的法律风险，及时的保护将有助于发明技术的推广。常见的知识产权有三种形式：专利（发明、实用新型、外观设计）、软件著作权以及技术秘密。专利是保护知识产权、进行科技成果转化的理想载体，专利权即国家依法在一定时期内授予发明创造者或者其权利继受者独占使用其发明创造的权利。专利权人可通过专利技术的转让、许可、投资入股，获取经济利益。如发现任何未获得授权的商业使用，专利权人都可向法院提起诉讼要求赔偿。

（3）市场推广。

技术转移研究院组织成果发布会和项目路演活动，通过线上与线下并行的活动方式，向合作伙伴和投资人推介重点成果。同时，组织参与行业会议、产业调研等活动，寻求与外部机构的合作，通过各种资源和渠道寻找潜在的技术受让方，推介完成人的技术。根据企业的技术优势、发展规划、资金实力、管理团队等情况，挑选有意愿、有实力的企业进行重点推介；完成人也可以根据自己的专业经验和人脉推荐潜在技术受让方。在转化过程中，转化方式的确定对科技成果能否顺利实施具有重要影响，甚至可能成为决定性因素。因此，要根据科技成果的特点和应用领域的需求，来制定转化方式和推广策略。当完成人对市场需求和变化难以把握、缺乏足够的资金和资源，或允许他人实施获得的收益显著大于自行实施的情况时，建议采取授权既存企业的方式进行转化。当高门槛的技术成果匹配到高盈利的目标市场时，则可以采取技术入股的方式，以资本连接技术方和投资方，共享风险和收益。技术转移研究院会集合各方优质资源，为潜在合作方联系投资基金和产业园区，推动科技成果的成功落地。

（4）形成转化方案。

在科技成果转化过程中，转让方要和各方人员打交道，各类谈判必不可少。经过数轮谈判，将最终确定技术受让方、转化方式、转让价格、合同细节。技术转移工作人员将利用自己的经验和技巧，协助完成人力争最大权益。谈判前应做好充分的准备，注意谈判技巧和方法。以下几点可帮助完成人做好谈判准备。①对知识产权进行正确的估价。了解技术在国内外所处的地位，相关产品的市场预期行为等；②对技术受让方进行详细分析，如对方的资金状况、管理能力、过去主要的业绩、对新产品的市场开拓能力等；③认真协助投资方做好可行性分析。技术转移研究院和相关部门将协助完成人选择合适的转化方式，筛选合作伙伴、整合所需资源，全力推进转化实施进程。

一般来讲，科技成果转化有以下几种形式：技术许可、技术转让、技术入股。科技成果转化涉及技术转移研究院、完成人所在院系、股权管理机构等多个部门。在技术转移过程中，如技术评估、知识产权管理等技术转移研究院内部事务，由技术转移研究院独立决策。

涉及第三方的事务，如引进投资、选择合作方、谈判签约等，技术转移研究院会重点参考完成人的意见。若构成关联交易，完成人在决策过程中应回避。关联关系是指技术完成人本人或其亲属包括配偶关系、直系血亲关系、三代以内旁系血亲关系或者姻亲关系，在技术受让企业持股、担任职务或可间接控制企业。若完成人与技术受让企业存在关联关系，就涉及关联交易。完成人在谈判过程中应进行回避并签署“关于规范关联交易的声明”，保证此次交易是依照市场价格和条件、按公平、公正原则进行。

交易价格低于 800 万元的项目，报请学校知识产权管理领导小组审批；涉及领导干部参与收益分配的项目，报请学校干部领导小组会议审批或备案；交易价格在 800 万元以上（含）的项目，经学校知识产权管理领导小组审议通过，公示结束无异议后，报请学校党委常委会审批。科技成果处置方案审批通过后，应当在学校信息门户网站公示成果和交易信息，公示期不低于 15 日。在公示期间，技术转移研究院将和完成人代表、受让方在前期沟通的基础上共同讨论确定合同详细的条款；也可根据需要，在转化方案的形成阶段，纳入合同一并讨论。待公示期结束后，若无人提出异议，即可正式签约。涉及投资入股的成果处置，由技术转移研究院协同持股平台、完成人团队共同签署出资协议。

（5）商业化。

签订合同后，受让方将开展技术的商业化，完成初代产品的设计和制备，建立销售网络，实现从技术到销售收入的转化。完成人有义务就标的技术支持受让方开展商业化工作。若技术受让企业需要完成人迭代技术的支持，可与清华大学签署横向科研合同。

（6）收益分配。

根据国家相关法律和《清华大学科技成果评估、处置和收益分配管理办法》，清华大学依法对科技成果转化所带来的收益进行分配。科技成果通过技术许可、转让所获现金收益，学校享有15%份额，原则上成果完成人所在院系和对完成、转化该项科技成果做出重要贡献的人员分别享有15%和70%份额。科技成果作价投资所获股权，学校享有15%份额，原则上成果完成人所在院系和对完成、转化该项科技成果做出重要贡献的人员分别享有15% 和70%份额，其中学校和院系享有的股权由学校统一委托股权管理公司经营管理。

同时，鼓励各院系根据上述分配原则，结合自身资源投入、科研发展、团队建设等情况，就院系内部审批流程、院系与成果完成人收益分配等制定具体实施细则。如核研院制定细则，对于许可、转让所获现金收益扣除学校提留的15% 后，50%奖励给对完成、转化该项科技成果做出重要贡献的人员，10%进入核研院成果转化奖励基金，25% 进入核研院院长基金。作价投资所获股权，50% 的股权奖励给对完成、转化该项科技成果做出重要贡献的人员，其余50% 的股权由学校授权的股权管理机构持有。股权变现后，扣除税收等技术转移过程中的直接成本后，按照学校15%、核研院35%的比例分配。

地方研究院或者派出研究院转化学校科技成果的收益，学校享有15%，其余部分由地方研究院或者派出研究院与成果完成人所在院系、成果完成人三方协商分配。各完成人之间的收益分配由团队内部自行协商。分配方案应得到全体完成人的签字认可。若完成人因种种原因不方便签字，可提供其他认可材料，如传真、邮件等。

第六章

服务型专利运营

第一节　专利运营服务平台概述

一、专利运营服务平台概述

专利具有资产属性，专利运营服务平台可以促进专利资产的交易转移，不仅可以帮助创新主体更好地从专利中获得价值，而且可以帮助市场或投资主体实现投资收益。专利运营平台发挥着信息桥梁纽带作用，将专利技术资源和市场资源进行市场化运营，把创新主体、市场、投资主体等有机地联系起来，促进专利市场繁荣，提升专利技术转化和应用水平。

《“十三五”国家知识产权规划研究》指出，服务城市的知识产权运营综合服务平台包括专利储备与托管、专利分析、专利价值分析报告、专利展示交易、专利产业化投融资服务等与专利运营相关的专业模块。主要提供下述服务：一是提供全过程的服务，形成完整的服务链；二是整合已有服务平台，发挥中介服务机构的作用，避免由政府主管部门包办；三是探索综合服务平台的商业运作模式，除公益性、普惠性等公共服务由财政支持外，增值服务、个性服务等应通过市场主体进行商业运作，通过提高服务能力和质量赢得客户和发展空间。同时，该研究报告还指出，我国将大力推进知识产权运营基础设施建设。知识产权运营需集合不同的服务内容，构建相互支撑和配套的服务链，其中还需要有专利信息、展示交易、大数据分析等资源信息，构建以专利运营为核心的知识产权运营服务基础平台，从而既能为中小微知识产权运营服务企业提供资源支撑，同时也能为企业、高校、科研机构和其他权利人提供知识产权运营服务。随着我国知识产权创造数量的积累，来自企业和高校科研机构的知识产权运营需求快速增长，从国家层面，需要建立大型的知识产权运营服务基础平台，建设促进行业健康发展的载体。首先，建设国家知识产权运营综合服务基础平台。要建立交易集聚、市场统一、信息公开、规则透明、流程规范的知识产权运营公共服务平台，培育高水平、国际化的知识产权运营机构，实现知识产权运营服务的专业化、模块化、平台化、品牌化、国际化。形成和完善知识产权交易价格发现机制，搞活、壮大我国知识产权市场，提高我国知识产权的转化应用水平。建立起覆盖重点区域、重点产业，定位清晰、领域齐全、能力突出、竞争有序的知识产权运营体系，将知识产权运营公共服务平台打造为在全球具有重要影响力的知识产权交易市场。其次，建设区域知识产权运营公共服务平台。鼓励和引导经济发达、科教创新资源丰富、知识产权运营需求旺盛的地区建设以服务区域企业、高校、科研机构和投资方的知识产权运营服务平台，作为国家知识产权运营综合服务基础平台的补充，为区域内企事业单位提供专业的知识产权运营服务。①

专利运营服务平台的主要服务见表6－1。

表6－1　专利运营服务平台的服务项目及内容

服务项目	具体内容
信息查询	通过服务平台构建的数据库，可对专利基础数据、中间文档、法律状态、缴费情况、登记备案、代理机构等数据进行查询，另外还可以对涉及的政策、产业、市场等信息进行查询
信息发布	可以发布专利信息，例如交易供求和价格信息、产业和市场动态信息、数据统计信息、培训信息、专项信息等
交易管理	可以规范专利的管理，使交易的咨询、流程、模式、备案等服务合法、规范
中介服务	有利于提供丰富的一站式中介服务，包括咨询、评估、代理、担保等服务

二、专利运营服务平台业务系统

专利服务平台的主要业务模块系统具有明确的专业分工，具备操作便捷化、功能扩展化、数据留痕化的特点，确保满足各种专利运营模式的业

① 国家知识产权局规划发展司．“十三五”国家知识产权规划研究［M］．北京：知识产权出版社，2017：424－426.

务需求，并能持续升级以满足未来专利运营的各种发展趋势。

一个较完整的专利运营服务平台的业务系统名称及功能见表6－2。①

表6－2　专利运营服务平台的业务系统名称及功能

系统名称	主要功能
市场接入系统	将企业、高校、科研院所、专利运营机构、金融机构、投资机构等终端接入，形成全方位的覆盖全国、面向产业、链接机构的专利运营网络。其主要功能包括交易指令管理、市场权限管理、服务产品管理三类功能，交易指令管理保障本地数据系统与运营主体的正常对接与通信；市场权限管理负责平台会员数据管理和参与权限；服务产品管理维护专利运营交易的服务信息，并实时汇总采集、在线统计分析
交易业务系统	包括资产交易与服务交易，资产交易主要功能包括动态竞价、展会、路演、展示等在线市场功能及专利转让、实施许可等专利运营业务的电子化登记、备案管理等功能；服务交易主要功能包括供需信息、交易信息、服务信息等的审核、发布和管理功能；交易与服务订单流程、支付流程的管理功能；交易双方和机构的评价、售后服务、交易历史的管理功能；交易与服务流程的监控功能
信用业务系统	专利权质押融资、担保信托、出资入股、证券化等业务都隶属信用交易业务范畴，主要功能包括对接在线支付、资金结算、资金监管和权属登记系统。加强信息披露和业务对接；整合各类专利金融服务资源，集成创新专利金融产品，畅通质押物处置渠道
资产信息系统	资产信息系统是平台对专利运营资产信息的综合管理中心，主要功能包括专利资产查询功能、支付与多级结算功能、资金支付渠道管理以及基于大数据信息（包括专利运营财务数据、法律状态、登记备案等信息）和智能化技术的专利价值动态自动评估；基于标准化评估流程的人工评估；专利评估相关的信息查询浏览和下载等功能
市场监管系统	包括客户服务和服务评价两大功能。客户服务主要是为保证参与专利运营的意愿是由专利权人或投资者本人发起，系统需建立客户识别机制和信息披露机制，对专利权人、金融机构、投资机构、专利运营服务机构等各市场参与方进行实名认证校验，方能办理账户开立、变更、销户等账户事宜或允许提供专利实施许可合同备案、专利权质押登记、专利著录项目变更、专利权托管等在线登记服务。服务评价为了定期发布运营机构的诚信水平，建立诚信激励机制，落实失信惩戒措施。系统需建立诚信数据采集、自动评价、人工评估、结果发布、信用查询等功能模块，采取实时监管和事中事后监管相结合的方式，对专利运营主体实施分级分类管理和监督惩戒机制，及时披露各类专利运营信息

① 李昶．中国专利运营体系构建［M］．北京：知识产权出版社，2018：212－240.

专利运营业务模式的不断创新和专利金融衍生产品的不断涌现，必将促进专利运营的类型和规模不断增长，运营流程将越来越复杂。因此，专利运营平台的业务系统需要保持充分的开放性，以便适应多样化的需求，又要保证各个系统之间形成更有效的信息对接和互通，提高专利运营业务的效率，同时要注重系统开发和维护成本，保障整个系统整体的稳定性和安全性。

第二节　专利运营服务平台实务

从专利运营服务平台建设和运营主体角度来看，平台大体上可以分为行政化专利运营服务平台和市场化专利运营服务平台两种类型。

一、行政化专利运营服务平台

行政化专利运营服务平台一般有政府及地方财政的资金支持，通过政策扶持、资源整合、机制创新，搭建专利运营公共服务平台。其具备以下主要作用。

（1）发挥公共服务作用。

行政化专利运营服务平台由政府主导建设，具有明显的公共服务性质，且服务面较广。其主要负责承担整合专利交易信息、促进业务协作、规范服务与管理标准、开展人才培养、提供公益性服务等任务，发挥着全国运营信息枢纽、运营资源整合、政府公共服务实施载体等作用。

（2）具有政策导向作用。

通过建设政府主导的行政化专利运营服务平台，可以进一步研究优化专利运营服务发展的政策环境。比如，可以探索建立以考核专利运营效益为主的创新主体及技术研发项目考核机制，大力加强专利运营人才的培养，强化产业、科技、贸易、区域、文化、投资等政策导向，综合运用财政、金融、能源、环保等政策引导支持专利运营服务的发展。

（3）具有示范引领作用

通过政府的示范引领作用，可以扶持培育一批业务基础良好、产业特色突出、运营模式先进、人才资源丰富的知识产权运营机构，扶持其做大做强。通过落实相关配套政策，能够有效培育支撑产业集聚区、区域重点产业、重点创新主体、中小微企业创新发展的运营机构。

下面简要介绍国内外一些典型的行政化专利运营服务平台。

（1）国家知识产权运营公共服务平台。

国家知识产权运营公共服务平台（以下简称国家平台，http：//www. sipop. cn/）是基于国家“十三五”规划中“加快建设全国知识产权运营交易和服务平台，建设知识产权强国”的重要工作部署，由国家知识产权局牵头，会同财政部共同发起的试点项目，是国家“1 + N”知识产权运营体系的核心载体，主要为专利转移转化、收购托管、交易流转、质押融资、专利导航等提供平台支撑，提高专利运用效益。

国家平台主要以实现知识产权的市场价值为目标，提供知识产权运营模式服务产品；同时释放知识产权大数据，依托互联网整合知识产权信息资源、创新资源和服务资源，建立以知识产权为重要内容的创新驱动评价体系，逐渐健全知识产权服务诚信信息管理及信用评价制度；发挥重点产业知识产权运营基金作用，支持骨干企业、高校、科研院所协同创新、联合研发，强化创新成果转化运用，加强高技术含量知识产权转移转化。

国家平台将在国家知识产权战略指引下，助力知识产权在供给侧结构性改革中更好发挥出制度供给和技术供给的双重作用，为践行“中国制造2025”提供知识产权平台支撑。国家平台主要为买卖双方提供供需信息发布、支付结算、交易评价等相关中介服务，并不参与交易本身，也不提供任何形式的担保。

（2）华发七弦琴国家知识产权运营公共服务平台。

华发七弦琴国家知识产权运营公共服务平台（https：//www. 7ipr. com）为国家知识产权运营公共服务平台金融创新（横琴）试点平台，是财政部、国家知识产权局2014年12月批复设立的国家级知识产权运营交易公共服务平台，是国家知识产权运营“1 +2 +20 + N”体系的重要组成部分（“2”之一）。华发七弦琴国家知识产权运营公共服务平台运作主体横琴国际知识产权交易中心有限公司经广东省人民政府批准成立，由珠海华发投资控股集团有限公司、横琴金融投资集团有限公司强强联合投资组建而成，2015 年 6 月 23 日正式运作。华发七弦琴国家知识产权运营公共服务平台建设模式具有“国家项目、公共服务、全资国企、市场化机制、专业化运作”等突出特点。

华发七弦琴国家知识产权运营公共服务平台线上提供“知识产权新闻、商城、服务、培训、挂牌交易、大数据、专利评价、时间标志”等 8 大功能，线下提供针对企业、高校院所、政府、同行、个人 5 大类客户的，以高价值专利培育布局、专利导航、国家培训基地、研究院、运营公共服务分平台、知识产权顾问、无效诉讼、专利技术运营转移、商标品牌策划、管理咨询等为重点的解决方案产品。

（3）美国国家技术转移中心（NTTC）。

美国国家技术转移中心（National Technology Transfer Center，NTTC）是 1989 年经美国国会批准成立的技术转移机构，承担着国家技术交易市场平台的作用，形成了由 6 个地区技术转移中心、联邦实验室和高校研究机构、企业等组成的技术转移体系。NTTC 的主要任务是推动科研机构的研究成果迅速转化成为产品，增强美国工业的竞争力。

NTTC 实际承担着技术交易中介服务平台的作用，其整合发布联邦实验室与高校研发成果资料，通过 6 个地区技术转移中心和业务网络体系，寻找合适的技术转移对象。同时提供技术授权咨询、技术与市场评估、技术信息服务、产品设计、试验、生产制造等商业化服务、公共关系服务、教育培训服务等。NTTC 曾在促进美国科技成果转化方面发挥了重要的公共服务平台作用。

二、市场化专利运营服务平台

相对于行政化专利运营平台的公共服务特性，市场化专利运营服务平台偏向于平台盈利。这类平台一般具有以下一些共同特征①。

① 周胜生，高可，饶刚，等. 专利运营之道［M］. 北京：知识产权出版社，2016：191.

（1）多方联合社会资源。

开展专利运营服务，既需要拥有可调配的专利技术资源，也需要具备详尽的专利信息资源，同时还要有专利分析评估专家团队，可向专利权人、专利需求者和金融机构提供专业服务，对于各方面的资源要求门槛较高。因此，市场化专利运营服务平台一般会多方联合社会资源开展运营，例如联合产业巨头、知名研究机构以确保专利技术资源，联合实力雄厚的金融机构作为资金保障，建立技术专家网络来提供各方面专家服务等，从而提高资源利用度，降低运营成本。

（2）运营模式不断推陈出新。

市场化营利的目标使得这类平台充满了创新的动力。随着经济发展和市场变化，这类平台不断推出新的运营模式，从最初单纯地收取专利申请、专利转让、专利许可等中介费用，到提供价值评估等增值服务，再到开辟专利许可二级市场，直到目前一些平台免费提供专利申请服务，着眼于后续深层次需求挖掘等。

（3）单个平台业务范围较为集中。

市场化专利运营服务平台往往集中开展某一项或几项优势服务项目，例如有的平台致力于提供专利买卖信息，有的平台关注于专利许可过程中的配套增值服务，也有的平台专门从事专利拍卖业务。对于营利空间较小的非优势项目，通常不会涉足，这是市场化专利运营服务平台的天然市场化趋利属性决定的。

专利运营服务平台在活跃市场、满足差异化需求等方面发挥了重要作用。市场化专利运营服务平台或机构较多，包括中国技术交易所、Yet2. com、ICAP、Tynax、欧洲创新转移中心、德国史太白技术转移中心、日本 Technomart、韩国技术交易所等。下面以中国技术交易所、Yet2. com、ICAP、Tynax 为例进行介绍。

（1）中国技术交易所。

中国技术交易所（以下简称中技所，https：//us. ctex. cn/）是经国务院批准，由北京市人民政府、中华人民共和国科学技术部、国家知识产权局和中国科学院联合共建的技术交易服务机构。中技所在国家和地方各级政府部门的指导和支持下，确立了“立足北京、服务全国、建设具有国际影响力的技术交易中心市场”的发展目标，以技术交易为核心，围绕科技成果转化、企业转型升级和区域创新发展提供专业化服务。中技所的创新资源来自于全国乃至全球30余个国家，专业服务遍布全国各地，年交易额超过340亿元，累计交易额突破1000亿元。

中技所在科技部和北京市科委支持下，承担国家科技支撑计划项目“国家技术交易全程服务公共支撑平台”，并依托该项目建成“技E网”（www. ctex. cn）。技E网在服务模式方面，采取集成加创新的方式，在汇聚各类技术交易供需资源、中介服务资源、科技金融产品的基础上，推出网络竞价、在线路演、在线展会和定制服务等服务品种。在商业模式方面，技E网采用分佣制，对于成交的技术交易项目，统一收取交易佣金，并由交易所与参与项目交易的相关中介服务机构、同业机构按照一定比例分配佣金，一方面降低交易双方的交易成本，另一方面提高各机构参与技术交易服务的积极性。

该平台2013年进入试运营阶段，2014年12月正式上线，已陆续推出信息披露、网络竞价、路演展会、挂牌交易、推介撮合、成交信息公示等功能模块，截至2017年年底，已建成67个地方频道、17个专业频道和3个国际频道，累计拥有注册用户超过100000名，优质项目积累超过320000余项，并向各地客户推荐超过100000项，累计为各类用户提供专家、人才、仪器、投融资等创新服务资源超过50000次，通过网络竞价的方式，累计服务各类企业超过50000次，通过在线路演、网络展会、竞价交易等信息化的手段辅助各类客户线下活动超过100场，已对接韩国、俄罗斯、新加坡、德国等十个国家，以及170余家高校及研发机构。

（2）Yet2. com。

Yet2. com是全球利用网络进行虚拟技术交易的先驱，也是目前全球最大的网络技术交易市场平台。1992年2月由3M、宝洁、西门子、杜邦、福特、霍尼韦尔等10余家国际知名企业投资成立，之后又陆续扩增近60家，总部设于美国马萨诸塞州。

Yet2. com的全球技术专家帮客户筛选项目，敏锐地捕捉技术供需信息，擅长技术价值评估，为客户筛选技术投资机会，促进客户成长。其服务内容有技术许可服务、咨询服务以及会员服务，同时匹配自己的风险投资基金，为技术双方合理有效地发布技术成果或解决技术难题提供了保证，确保技术交易商业运作成果。其运作模式为市场化服务，所有服务均收费：信息发布费、交易费和增值服务费。例如，技术供给方和需求方发布 1 条信息，均需缴纳 1000 美元的费用；对于交易费，每笔费用为总交易额的 15%，不得低于 1 万美元；对于增值服务费，则视客户服务需求而定。

Yet2. com 实际为连接技术供求双方的交易平台，主要提供战略交易流程服务、有针对性的搜索服务、开放创新项目管理服务、技术营销和业务发展服务、专利交易服务。专利交易服务中可以帮助卖家筛选合适买家、帮助买家评估专利价值、准备交易相关材料、以合理价格成交。

（3）ICAP。

总部设在美国纽约的 ICAP 专利经纪公司是目前全球最大的知识产权经纪和拍卖公司，在收购 Ocean Tomo 公司交易部门后组建成立共有品牌 ICAP Ocean Tomo，专门从事大批量专利的拍卖交易。Ocean Tomo 公司是一家智慧资本商业银行公司，提供与知识产权和无形资产相关的一系列金融服务，包括财务专家证言、估值、战略咨询、投资咨询、创新管理咨询以及交易经纪业务，核心业务以专利拍卖和价值评估工作为主，举办了全球首个多拍品专利现场拍卖会。继专利现场拍卖之后，又创立了全球专利在线竞价交易平台 IPXI。

ICAP Ocean Tomo 有一套标准化的专利拍卖交易流程，所有提交的专利要通过其独有的评分系统进行筛选，达到初步要求的知识产权再由交易专家团队评审，并综合分析知识产权是否适合拍卖；竞买人也需要提前注册，缴纳登记费并提交具有竞买资格的证明；再将通过审核的专利和竞买人信息提交数据库，然后对通过审核的专利卖家进行尽职调查，最后进行现场拍卖。在拍卖前两个月会将相关资料放在网络上公示。这种专利拍卖的形式减少了专利转让的谈判时间和成本、拍卖公司通过事先多种渠道的宣传，吸引了众多的买卖双方；通过预付款、事先对资产尽职调查及评估等手段，筛选出一批潜在买家，从而使卖家减少尽职调查范围，减少了成本；通过专家团队对专利价值进行评估筛选，使得买卖双方更了解专利的价值。①

（4）Tynax。

Tynax 公司成立于 2003 年，其总部位于美国硅谷，是面向全球的知识产权与技术交易平台。Tynax 平台拥有庞大的专利供应量，覆盖多个技术领域，客户及中介遍布多个国家，具备成熟的商业化交易系统，能提供专利查询、展示、营销、交易等服务。

Tynax 公司的商业模式包括：①买卖双方匿名制。卖方需以身份保密的方式，将其拥有的专利详细信息以及其特殊要求，发布于交易平台上；而买方也需以身份保密的方式，通过关键字和专利等级，在超过 20000 个待售专利中搜寻所需要的专利，并可将其所需要专利进行描述后发布于网站上。②相关团队支撑。Tynax 的团队有技术人员、投资银行家、专利专家、研究人员、销售人员、交易协调人员等。通过专利所有人、内部技术团队以及自动匹配系统，Tynax 能快速将买卖双方配对。③在线匹配，线下交易。交易并非在线完成，一旦有买方或卖方对专利出售或需求信息有兴趣，Tynax 会通过专业的交易协调专家促进买卖双方互动。④不提供融资与法律服务。一笔专利交易的买卖双方皆由各自的律师作为代表，Tynax 并不提供财务融资及法律服务。⑤特有的专利分析系统。Tynax 与许多买方合作，开发出用于专利与专利组合排名、评价的专利分析系统。借助该系统，能在数小时以内，将数千件专利排名、分类，排除不匹配条件的专利，这也使得符合条件的专利能快速进入下一评估阶段。此外，Tynax 致力于研究专利搜寻、匹配、分析、评估、交易谈判至成交的每一步骤，以建立顾客关系管理系统。这种顾客关系管理系统类似于内部执行业务的标准作业流程，通过对每一步骤的详细研究，在推动该步骤进行的同时，提升整个交易流程的效率。②

---

① 刘红光，孙惠娟，刘桂锋，等．国外专利运营模式的实证研究［J］．图书情报研究，2014（2）：39－44．

② 苏平，等．“互联网＋”专利运营服务平台模式研究［J］．重庆理工大学学报，2017（11）：85－86．

第七章

国际化专利运营

国际货币基金组织（IMF）在发表的一份报告中指出："经济全球化是指跨国商品与服务贸易及资本流动规模和形式的增加，以及技术的广泛迅速传播使世界各国经济的相互依赖性增强。"而经济合作与发展组织（OECD）认为，"经济全球化可以被看作一种过程，在这个过程中，经济、市场、技术与通信形式都越来越具有全球特征，民族性和地方性在减少。"

经济全球化可以促进生产资源的优化配置，促进各个国家或地区充分发挥自身优势。在"走出去"的战略背景下，开展国际专利运营既可以获得其他国家或地区的技术资源的优势，也可以学习国际先进的技术和运营理念，最重要的是可以在世界上获得更多的市场份额，并充分实现专利运营的价值。对于一些技术含量较高、创新能力较强的企业，专利已然成为国际化运营的试金石。

第一节　国际化专利运营概述

企业要想进入国际化的行列，必须进行国际专利布局。国际专利布局应首先了解市场前景，进而决定是否进行布局。布局前，应充分熟悉布局所在国家或地区的知识产权环境和政策，弄清布局渠道，评估布局成本，制定适合自己的布局策略。

一、国际化专利布局简介

开展国际化专利布局意义重大。首先，可以通过专利布局获得无形资产，有利于开展专利许可、转让等运营而直接获取利润；其次，可以使专利布局对应的产品得到很好的保护，抢占市场先机，同时起到制衡竞争对手的作用；再次，有利于建立良好的品牌效应，从对原材料供应商的议价和销售价格的定价两个方面，都有利于提高产品利润；最后，若能将相关专利纳入行业标准之中，则有助于发展成为龙头企业，进而影响行业规则并实现市场主导地位。企业当前或未来的主要市场在海外，应尤其注重提前进行国际化专利布局，提高企业竞争力及无形资产价值。

中国的光伏产业发展迅猛。2011 年，全国 31 个省、自治区、直辖市把光伏产业列为优先扶持发展的战略性新兴产业；全国有 300 余个城市发展光伏太阳能产业，100 多个城市建设了光伏产业基地。但由于光伏企业不重视海外专利布局，自 2010 年起，美国、欧洲等的企业针对中国光伏企业发起各种专利侵权诉讼、337 调查、反倾销和反补贴调查、破产限制购买法令等各类限制措施，导致我国光伏产业开始出现迅速衰退，超过 80% 的中小企业停产，连尚德、赛维等行业龙头企业也申请破产或深陷破产危机。可见，没有提前进行专利海外布局，创新型企业难以获得较好收益。

相反，若重视海外专利布局，中国企业则可以获取较好收益。深圳市朗科科技股份有限公司主营优盘业务，围绕闪存技术储备了一系列专利并积极在海外进行专利申请布局，并针对布局的专利深入开展专利运营，其曾诉讼美国必恩威科技股份有限公司（PNY Technologies Inc.）向朗科公司支付专利许可费及利息共计约 771 万美元，同时已经与东芝公司、金士顿公司、群联电子公司等知名企业签署了专利许可协议，专利许可收入达到数亿元。正是由于重视海外专利布局，企业在保护自有产品市场优势的同时进行专利运营，通过专利许可获得收入，并以专利诉讼作为获得专利许可费的保障，充分体现了国际化专利布局的意义。

企业在开展国际化专利布局时，应注重目标导向、战略导向和质量导向。首先，应明确专利布局的目标，充分体现专利布局的意义，例如全方位支持产品和市场经营，不要为了布局而布局。其次，应充分兼顾和融合研发、市场等战略需求，共同致力于实现企业经营战略总体目标。最后，要坚持质量导向，不断提升高价值专利的数量和比例，占领技术制高点、把握竞争主动权。

二、海外专利布局的途径

目前，我国申请人向海外申请专利主要有三种途径：《专利合作条约》

（PCT）途径、《巴黎公约》途径、普通国家直接申请途径。其中，以《巴黎公约》和 PCT 途径向海外申请最为普遍。PCT 途径申请的专利包括发明和实用新型，可实现同时向多个国家申请，可获取 PCT 国际检索报告和书面意见供参考，便于申请主体决定是否进入国家阶段审查。《巴黎公约》申请的专利包括发明、实用新型和外观设计，需要向多个国家分别申请，直接进入国家阶段审查。

申请主体可结合申请地域、申请类型、申请时机、申请费用等因素，确定合适的途径。例如，申请地域通常选择有市场价值的地域布局；由于各国家或区域的每种类型专利申请的保护客体、保护期限等都有所不同，应选择合适的申请类型；早申请早公开早授权或早申请晚公开晚授权等时机，应结合实际情况选择；海外专利申请的费用包括官费、专利代理费、翻译费等，应结合财务情况，量力开展海外专利申请。

除直接申请的途径外，专利运营也是获得海外专利的重要途径。例如，可以通过专利转让获得他人已有专利或者通过专利许可获得他人已有专利实施使用权；还可以通过技术合作、产业联盟等方式合法使用他人专利。

对于某些大企业来说，可以通过并购直接获得大量海外专利。2014 年，联想集团从谷歌手中并购了摩托罗拉移动，由此获得摩托罗拉移动 2000 多项专利，并获得了谷歌两万余项专利的交叉许可使用权。2016 年，滴滴出行公司与世界顶级导航技术服务商神达集团达成了专利收购交易，此次收购的专利能让滴滴在短期内快速提升高价值海外专利拥有量。但需要注意的是，并购中应当重视专利核查，否则容易出现问题。例如，2001 年，我国某企业收购飞利浦 CDMA 芯片研发部门，因没有核查到飞利浦和高通之间承诺交叉许可不对第三方公开的协议限制，导致企业并未获得核心 CDMA 芯片技术，并购后的企业要销售使用该技术的相关产品，仍需向高通支付高额的专利许可费。通过购买转让、许可、并购等专利运营的方式获取海外专利，可寻求专业人士的帮助，避免花费巨额资金却不能获取相应的回报。

由国家知识产权局保护司指导，中国知识产权报社推出的智南针网（https：//www. worldip. cn/）罗列了海外各主要国家或区域的专利申请实务指引，可供广大申请主体参考。

第二节 国际化专利运营风险

我国专利制度的发展时间与发达国家相比时间尚短，尚未在全球范围内形成良好的专利储备，在国际化进程中频繁遭遇专利诉讼的风险以及诉讼失败后引起的禁售和罚款等后果，因此亟须提前熟知并做好国际专利运营风险应对方案。

一、遭遇海外专利纠纷

企业在海外遭遇专利纠纷的高发地点首先主要集中在产品销售、生产或参展的国家或地区，原因就是为了争夺市场份额，发起专利纠纷是重要的竞争手段；其次，容易发生在专利保护力度较强的国家或地区，因为这些国家或地区的专利权人通常更容易维权，所以这些国家或地区成为专利侵权纠纷的高发之地；最后，也容易发生在非专利实施主体（NPE）较为活跃的国家或地区，因为 NPE 一个获取利益的重要手段就是不断发起专利纠纷，逼迫其他企业缴纳相关费用。

企业在国际化发展中可能遭遇的主要专利纠纷及应对措施见表 7－1。

表 7－1 可能遭遇的主要专利纠纷及应对措施

遭遇的纠纷类型	应对措施
接到律师函。律师函的内容一般包括对侵权行为的描述、要求限期停止侵权的声明以及惩罚条款等。律师函往往还会附上事先拟定好的保证停止侵权书，要求涉嫌侵权人签字确认，保证如果再次侵权，将支付侵权费用等	核对律师函的基本信息是否属实，针对律师函中提出的实质性内容进行分析评议，选择合适的纠纷应对方案，回复律师函。若确认产品不构成侵权则简述不侵权理由；若存在侵权可能，表明愿意立即停止侵权，并同意双方对纠纷进行和解等，表明愿意友好协商解决纠纷

续表

遭遇的纠纷类型	应对措施
遭遇专利侵权诉讼。这是通过司法程序帮助权利人制止侵权行为、获得赔偿额以及其他救济的重要手段	组建侵权诉讼应对团队；开展分析评议，如将涉嫌侵权产品与涉案专利进行对比分析，评议产品是否构成专利侵权，以及分析评议涉案专利权利是否稳定、可否被无效等；如分析评议后决定应诉，应选择适当的应诉策略，可采取的策略包括：针对诉讼程序提出异议、进行不构成侵权的抗辩、现有技术抗辩、提出专利权无效请求等
遭遇337调查等相关调查。这类调查通常通过禁止令、排除令等强制措施限制企业产品出口、销售等经营行为	参照本书第四章第四节，从诉前、诉中以及败诉后三个阶段全面做好应对措施
遭遇海关执法。如果海外海关有充分理由怀疑产品侵犯了某项专利，其可以中止产品的放行，或者扣押产品一定期限	核对扣押产品，对明显不属于侵犯专利的产品，可以以不当扣押的理由申请异议和撤销；如确实构成侵权，可以尝试与权利人进行沟通，争取获得专利许可，达成和解后让海关放行

二、建立海外专利风险防控体系

为了更好地应对海外专利风险，可以提前做好海外专利风险防控体系。海外专利风险防控体系如图7－1所示，重点在于建立专业的专利团队、建立健全管理机制、做好资金保障三个方面。

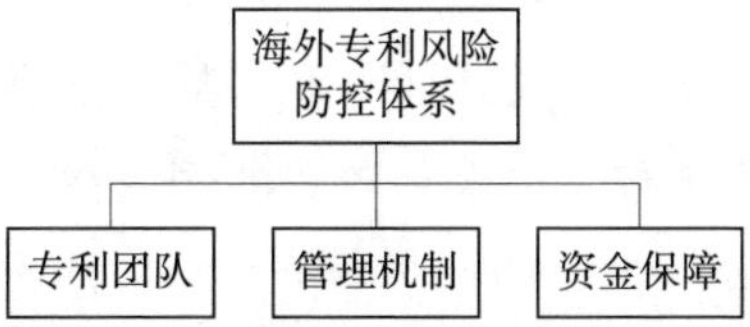

图7－1 海外专利风险防控体系

专业的专利团队中可以包括技术研发人员、专利申请人员、专利管理人员、法律事务人员等。管理机制应包括事前的专利预警分析机制、以市场为导向的专利布局机制、专利纠纷应对机制（包括分析评议和制定合理的策略）、谈判机制、调整机制等，力争化解专利风险或把影响降到最小。另外，需要有专项的资金做保障，能够迅速响应、积极应对，避免因资金问题错过应对的最好时机。此外，企业还可以寻找合作伙伴，通过经销商等与当地产业联盟等建立良好关系，当遇到各类专利纠纷问题时，及时寻求帮助或联合应对。

第三节　国际化专利运营新机遇

一、"一带一路"专利运营机遇

2013 年 9 月 7 日，国家主席习近平在哈萨克斯坦纳扎尔巴耶夫大学作题为《弘扬人民友谊 共创美好未来》的演讲，提出共同建设"丝绸之路经济带"。2013 年 10 月 3 日，习近平主席在印度尼西亚国会发表题为《携手建设中国—东盟命运共同体》的演讲，提出共同建设"21 世纪海上丝绸之路"。"丝绸之路经济带"和"21 世纪海上丝绸之路"简称"一带一路"倡议。

国内对于实施"一带一路"倡议中的知识产权问题的研究较为集中在对知识产权政策的宏观分析上，在分析我国或者各省市知识产权环境以及国外知识产权总体要求的基础上，对"一带一路"倡议下的知识产权保护策略提出一些政策体系构建建议或是合作机制探讨。张占江等从建设区域知识产权一体化制度、做好相关产业专利布局、加强区域内各国之间的知识产权对话、帮助知识产权保护水平较弱的国家提升知识产权保护水平等角度提出了"一带一路"倡议构想下的国际知识产权保护策略；郭秋萍等研究了"一带一路"背景下河南省知识产权政策体系构建，从知识产权创造政策、运用政策、保护政策与管理政策方面提出了一些建议。[①] 然而，

---

① 郭秋萍，宁静．"一带一路"背景下河南省知识产权政策体系构建研究［J］．河南科技，2017（10）：31－34．

对“一带一路”涉及的所有地区和国家的专利运营环境开展系统研究的较少。

随着“一带一路”倡议构想的不断深化推进，如何在扩大中国企业跨国经营的过程中保护专利、提高企业国际竞争力，成为中国政府和企业等需要共同面临的问题。对于我国企业的海外专利运营，张长立等①认为，政府应该鼓励企业在“一带一路”“走出去”的过程中积极申请专利，鼓励专利服务行业协助企业申请专利，充分发挥专利在“一带一路”建设中的作用，政府还应加强与其他国家政府和国际组织的知识产权合作，为相关企业提供信息以及其他保障；而在企业层面，应积极申请专利，以核心专利为中心，有针对性地向有开拓价值的海外市场申请专利，同时还应积极应对海外专利的风险。

对“一带一路”沿线国家的专利制度及保护环境进行分析，是企业“走出去”进行国际化专利运营的基础。“一带一路”是开放型倡议，没有明确的国家数量，截至 2021 年 1 月 30 日，中国已经同 140 个国家和 31 个国际组织签署 205 份共建“一带一路”合作文件。

2020 年第 5 期《知识产权统计简报》显示：2019 年，中国在签订“一带一路”协议的国家的专利申请公开量为 5293 件，同比增长 8.5%，共进入 24 个国家。其中，在韩国的申请公开量共计 2676 件，位居所有申请目的国之首；越南、新加坡、俄罗斯、南非分别以 571 件、557 件、434 件和 355 件位居第二至第五，位居前五的国家申请公开量占中国在“一带一路”沿线国家专利申请公开总量的 86.8%。专利申请布局持续呈现高度集中态势。

二、“一带一路”专利运营环境

与中国签署合作文件的 140 个国家中，非洲有 46 个国家，亚洲有 37 个国家，欧洲有 27 个国家，北美洲有 11 个国家，大洋洲有 11 个国家，南

① 张长立，高煜雄，曹惠民．“一带一路”背景下中国海外知识产权保护路径研究［J］．科学管理研究，2015（5）：5－9.

美洲有 8 个国家。其中，非洲、亚洲和欧洲国家的数量占比接近八成。因此，按区域选取非洲、亚洲和欧洲一些具有代表性的国家的专利制度及保护环境等状况进行梳理和分析，比如 2019 年我国的专利申请布局集中在韩国、越南、新加坡、俄罗斯、南非 5 个重点专利布局国家，助力企业更好地进行专利运营。

非洲以南非为例，南非属于中等收入的发展中国家，也是非洲经济最发达的国家。南非制定有专利法和工业品外观设计法。其专利法中规定了所保护的专利类型仅为发明，对任何具有创造性且能被应用于商业、工业或者农业的新发明可以授予专利权，在相关专利权人或者代理人已缴纳规定的维持费基础上，专利保护期限应为自申请日起 20 年。南非的专利采取形式审查，即南非专利局登记主任应当以规定的方式审查每件专利申请以及该申请所附的或者根据该项申请提交给专利局的每份完整说明书，若其符合南非专利法的要求，则登记主任应当予以审定。在专利保护期限内，专利权人享有以排除他人制造、使用、实施、处分或者许诺处分、进口该发明的权利，由此专利权人可具有并享受由该发明带来的全部利益。同时赋予专利权人许可权、专利权和专利申请权的转让、扣押和质押权。侵权诉讼的原告有权享有禁令；交付任何侵权产品或者侵权产品构成其不可分之部分的任何物品或者产品和获得赔偿金的救济。但南非为了保护当地产业，如果被告证明侵权行为发生时其未知且无法通过合理途径知晓专利的存在，则专利权人无权从被告就侵犯专利权获得损害赔偿。通过在物品上盖章、雕刻、盖印或者其他方式在物品上标记用语“专利”或者“已被授予专利权”或者任何表达或者暗示该物品已取得专利权的用语，不得视为构成存在专利权的告示。任何人声明发明已被授予专利权，但未伴随该声明披露相关专利号，且任何未知该专利号的他人已通过挂号信书面要求过从此人处获知此专利号，则此人不能就该他人在该声明开始至此人向该他人告知相关专利号之日 2 个月内的期间实施的、对该专利的侵权行为从该他人处获得损害赔偿，或者获得针对其的禁令。

南非工业品外观设计法中的“外观设计”是指一件富有美感的或者功能性的设计。美感性外观设计，是指应用于任何物品上的任何外观设计，无论该外观设计是属于式样、外形、构造或者其装饰，或者是上述两个或多个要素，而且不论是通过任何方式予以应用，具备为视觉感知并仅以视觉判断的特征，无论其美感程度。功能性外观设计，是指应用于任何物品之上的外观设计，无论其针对的是图案、形状、构造或者其中任意两个或多个元素，以及无论其以任何方式应用，只要具有应用该外观设计的物品的功能而必须具备的特征，包括集成电路布图设计、掩膜作品或者一系列掩膜作品。外观设计的保护期限分别为：美感性外观设计为 15 年，功能性外观设计为 10 年，期限自注册日或者公开日起算（以较早者为准），并且需要缴纳规定的续期费。外观设计注册所有人在该注册的有效期内享有在南非所产生的效力，可以禁止他人制造、进口、使用或者销售任何属于该外观设计注册的类别并实施了该注册外观设计或与之无实质性区别的外观设计的物品的权利，从而充分享有注册所赋予的完全利益和优势。

我国地处亚洲，具有邻近其他亚洲各国的地缘优势，在亚洲的市场及专利运营活动较为活跃。本书将亚洲划分为东亚、东南亚、南亚、中亚、西亚五个区域进行梳理。

“一带一路”沿线国家中，东亚包括韩国和蒙古国。蒙古国的专利有发明、实用新型、外观设计三种类型，发明保护期限为 20 年，实用新型保护期限为 7 年，外观设计的保护期限是 10 年，均自申请日起算。韩国分别依据韩国专利法、韩国实用新型法、韩国工业品外观设计保护法保护相应的专利。韩国专利法保护发明，发明是指利用自然法则在技术构思上的高度进步的创造，实行先申请制，保护期限于专利申请的申请日后 20 年终止。某些必须进行活性试验、安全试验等的发明，保护期限最多延长 5 年。专利权可以转让，可以将专利权独占或非独占许可给他人。专利权、独占或者非独占许可被质押的，除非合同另有约定，质权人不得实施专利发明。制造、转让、租赁、进口，或者许诺转让或者租赁专用于生产专利产品的物品的行为；或者制造、转让、租赁、进口，或者许诺转让或者租赁专用于实施专利方法的物品的行为属于侵权行为，专利权人或者独占被许可人可以要求正在侵犯或者可能侵犯其专利权的人中止或者停止侵权，赔偿额的推定与我国类似，既可以按专利权人的损失或侵权人的获益，也可以参照许可费或法院可以在证据审查和全部争辩意见审查的基础上确定一个合理的数额。

韩国的实用新型适于工业上实用的，对产品的形状、构造或者其结合所提出的技术方案。韩国实用新型专利的有效期为10年，从申请日起计算。制造、转让、租赁或者进口，或者为商业或者工业转让或者租赁提供专用于制造与已注册的实用新型相关的产品的行为，视为侵犯实用新型权或者基于实用新型注册的独占许可的权利。韩国的外观设计是指产生视觉美感印象的产品的形状、图案、色彩或者其结合。外观设计权的期限自外观设计权确立的注册日起15年。在商业或者工业上制造、转让、出租、进出口、许诺转让或者许诺出租专用于制造注册外观设计产品或者近似外观设计产品的产品被视为是对外观设计权或者独占许可的侵犯。除民事诉讼外，侵犯他人的发明专利权、实用新型权、外观设计权都可能面临刑事诉讼，而被判侵犯专利罪。例如，对侵犯发明专利权、实用新型权、外观设计权或者独占许可的行为人，处以7年以下的劳动监禁或者1亿韩元以下的罚金。

"一带一路"沿线国家中，东南亚地区共有11个国家，包括新加坡、马来西亚、印度尼西亚、缅甸、泰国、老挝、柬埔寨、越南、文莱、菲律宾、东帝汶。东帝汶尚无专利相关法律，其余各国专利保护类型和保护期限汇总见表7-2。大部分国家均具有发明、实用新型和外观设计三种类型的专利。发明的保护期限基本为20年，其中新加坡特别规定，符合法定情形的，专利权人可以申请延长专利权的保护期限，最多可延长5年，① 这与中国是不同的。而实施实用新型专利保护制度的国家，所规定的保护年限则各不相同，长则10年，短则5年，如泰国的实用新型（小专利）保护期限为6年，自申请日起算，可延长2次，一次2年。② 马来西亚的实用新型专利的保护期限是5年，自核准日起算，可延长2次，一次5年。③

① 唐新华. 中国与新加坡知识产权制度比较研究［J］. 法制与经济，2016（9）：19-22.
② 柳福东. 东盟国家专利制度比好研究［J］. 世界知识产权，2005，15（85）：51-57.
③ 唐新华. 马来西亚知识产权制度研究［J］. 法制与社会，2018（3）：22-24.

表7-2 东南亚各国专利保护类型及保护期限

国家	专利保护类型	专利保护期限		
新加坡	专利保护类型包括发明，实用新型一并作为发明的对象，单立外观设计法	发明保护期限为20年，自申请日起算，最长可延长5年		外观设计保护期限为5年，自申请日起算，可通过缴费将保护期限延长为15年
泰国	专利保护类型包括发明、实用新型（小专利）、外观设计	发明保护期限为20年，自申请日起算	实用新型（小专利）保护期限为6年，自申请日起算，可延长2次，一次2年	外观设计保护期限为10年，自申请日起算
印度尼西亚	专利保护类型包括发明、实用新型（简易专利），单立外观设计法	发明保护期限为20年，自申请日起算，不能延长	实用新型（简易专利）保护期限为10年，自申请日起算，不能延长	外观设计保护期限为10年，自申请日起算
菲律宾	专利保护类型包括发明、实用新型、外观设计	发明保护期限为20年，自申请日起算	实用新型保护期限为7年，自申请日起算	外观设计保护期限为5年，自申请日起算，可延长2次，一次5年
马来西亚	专利保护类型包括发明、实用新型，单立外观设计法	发明保护期限为20年，自授权日起算	实用新型保护期限为5年，自申请日起算，可延长2次，每次5年	外观设计保护期限为5年，自申请日起算，可延长2次，每次5年
越南	专利保护类型包括发明、实用新型、外观设计	发明保护期限为20年，自申请日起算	实用新型保护期限为10年，自申请日起算	外观设计保护期限为5年，自申请日起算，可延长2次，一次5年

续表

国家	专利保护类型	专利保护期限		
柬埔寨	专利保护类型包括发明、实用新型、外观设计	发明保护期限为20年，自申请日起算	实用新型保护期限为7年，自申请日起算，不得延长	外观设计保护期限为5年，自注册之日起算，可延长2次，每次5年
缅甸	专利保护类型包括发明、实用新型、外观设计	发明保护期限为20年，自申请日起算	实用新型保护期限为10年，自申请日起算	外观设计保护期限为5年，自申请日起算，可延长2次，一次5年
老挝	专利保护类型包括发明、实用新型（小专利）、外观设计	发明保护期限为20年，自申请日起算	实用新型保护期限为7年，自申请日起算	外观设计保护期限为5年，自申请日起算，可延长2次，每次5年
文莱	3年内延伸注册保护英国、马来西亚、新加坡的授权专利，单立外观设计法	发明保护期限为20年，自申请日起算		外观设计保护期限为5年，自申请日起算，可延长2次，每次5年

新加坡一直被公认为是东南亚国家中知识产权制度发展最为完善的国家，致力于打造亚太地区的知识产权中心，新加坡与中国在知识产权保护方面保持着良好的合作关系。在知识产权法律制度上，新加坡主要设有专利法、商标法、外观设计法、版权法、植物品种保护法、地理标志法及集成电路布图设计法。作为普通法法系的国家，新加坡在司法审判中会参照新加坡法庭判决先例，同时，受到英国法律制度的影响，新加坡法官也会参照英国判例对具体条款及其适用加以解释。新加坡现行专利法是在1995年2月23日生效的，由于历史问题，该法在很大程度上是以英国1977年专利法为蓝本，因而英国专利法在新加坡仍然具有十分重要的地位。新加坡专利法只保护发明，不保护实用新型，外观设计另行立法保护。在专利

侵权诉讼中，法院可以判决采取的救济措施包括禁令、根据权利人的损失或侵权人的所得而给予赔偿、上交或销毁侵犯知识产权的物品。权利人也可以选择判决给予法定损害赔偿，以替代根据损害或所得给予赔偿。新加坡法律将专利侵权行为区分不同情形，可提起民事诉讼，构成犯罪的须承担刑事责任。刑事责任包括罚款和监禁，也可两者并罚。罚款从1万到10万新元不等，监禁根据情形不超过5年。

越南国家知识产权局负责管理全国的专利事务，其主要职责是授予并保护专利权；负责专利权的中止、撤回、取消以及续展工作；保护国有企业和个人在专利领域的合法权益；协调其他政府部门和社会组织保护专利权，确保相关法律法规的正确实施；开展与专利信息相关的服务和活动等。[①] 2017年生效实施的越南民法修订版明确规定知识产权为民事权利，受民法保护，职工或其他人员对在其生产经营活动以及创造活动中获取的知识财产享有所有权，受法律保护。对于专利侵权行为，权利人可选择司法救济或行政救济。权利人可以提起民事诉讼保护专利权，要求终止侵权行为、公开道歉或更正、赔偿损失、销毁侵权产品或要求仅在非商业用途目的下使用。为防止损害扩大，权利人可向法庭申请诉前禁令，并要求赔偿相应损失等。权利人可向知识产权局提出申告，确认侵权行为。越南海关、市场监管机构等有权管理侵权商品，可采取搜索、查封场地、暂时拘留相关人员、临时扣押产品、暂停产品生产销售等措施，制止侵权行为。专利侵权行为将面临警告、罚款、吊销营业执照、没收侵权产品及制造侵权产品的设备等行政处罚。越南2016年修订的刑法明确了如进口或转运侵犯专利权的货品以及假冒伪劣商品构成犯罪的，司法机关有权采取司法措施，违法犯罪人员应承担刑事责任。对于特定的进境侵权产品，司法机关有权要求侵权人复出境或者直接销毁该侵权产品。在专利侵权诉讼中，专利权人可申请执行初步禁令，立即制止专利侵权行为。一旦侵权行为被认定成立，专利权人可获得下列任一救济措施：永久性禁令、损害赔偿、侵权所得利益。目前，越南尚未设立不侵权宣告诉讼和针对无理威胁诉讼的救济

---

① 2018年对外投资合作国别（地区）指南：越南．［EB/OL］．（2017－12－28）［2019－12－31］．https：//www. yidaiyilu. gov. cn/zchj/zcfg/41563. htm.

措施。

“一带一路”沿线国家中，南亚包括巴基斯坦、斯里兰卡、孟加拉国、尼泊尔、马尔代夫5个国家。各国的保护类型及其保护期限见表7－3。马尔代夫尚无专利相关法律，知识产权通常以在当地报纸刊登警告的方式进行保护。

表7－3　南亚各国专利保护类型及保护期限

国家	专利保护类型	专利保护期限
斯里兰卡	发明	自申请日起20年
	外观设计	自注册日起5年，期满可延长2次，每次5年
尼泊尔	发明	自申请日起7年，期满可延长2次，每次7年
	外观设计	自注册日起5年，期满可延长2次，每次5年
巴基斯坦	发明	自申请日起20年
	外观设计	自申请日起10年，期满可延长2次，每次10年
孟加拉国	发明	自申请日起16年
	外观设计	自注册日起5年，期满可延长2次，每次5年

“一带一路”沿线国家中，中亚包括哈萨克斯坦、吉尔吉斯斯坦、塔吉克斯坦、乌兹别克斯坦4个国家。各国专利保护类型和保护期限汇总见表7－4。哈萨克斯坦、吉尔吉斯斯坦、塔吉克斯坦和乌兹别克斯坦均具有发明、实用新型和外观设计三种类型的专利。

表7－4　中亚各国专利保护类型及保护期限

国家	专利保护类型	专利保护期限		
哈萨克斯坦	发明、实用新型、外观设计	发明自申请日起20年，可延长5年	实用新型自申请日起5年，可延长3年	外观设计自申请日起10年，可延长5年
吉尔吉斯斯坦	发明、实用新型、外观设计	发明自申请日起20年，药品专利可延长5年	实用新型自申请日起5年，可延长3年	外观设计自申请日起10年，可延长5年
塔吉克斯坦	发明、小发明、工业品外观设计	发明自申请日起20年，可延长5年	小发明为自申请日起10年，可延长5年	工业品外观设计保护期限为自申请日起10年，可延长5年

续表

国家	专利保护类型	专利保护期限		
乌兹别克斯坦	发明、实用新型、外观设计	发明自申请日起20年，可延长5年	实用新型自申请日起5年，可延长3年	外观设计自申请日起10年，可延长5年

“一带一路”沿线国家中，西亚包括阿联酋、阿曼、巴林、卡塔尔、科威特、沙特阿拉伯、黎巴嫩、也门、伊拉克、伊朗、土耳其、阿富汗、阿塞拜疆、格鲁吉亚、亚美尼亚共15个国家。其中，阿富汗可为过去有其他国家获得过的专利提供当地注册，申请时间必须在原批准国批准该项专利的2年之内。

西亚各国的专利保护类型和保护期限汇总见表7－5。对于申请途径，已加入WIPO、巴黎公约和PCT条约的国家，外国申请人除直接向相应国家申请专利外，还可通过PCT或巴黎公约进行申请。但专利的保护力度等整体上比较落后。

表7－5　西亚各国专利保护类型和保护期限

国家	专利保护类型	专利保护期限		
阿联酋	专利保护类型包括发明、实用新型、工业制图及外观设计	发明保护期限为20年，自申请日起算	实用新型保护期限为10年，自申请日起算	工业制图及外观设计保护期限为10年，自申请日起算
阿曼	专利保护类型包括发明、实用新型、外观设计	发明保护期限为20年，自申请日起算	实用新型保护期限为10年，自申请日起算	外观设计保护期限为5年，自申请日起算
巴林	专利保护类型包括发明、实用新型、外观设计	发明保护期限为20年，自申请日起算	实用新型保护期限为10年，自申请日起算	外观设计保护期限为10年，自申请日起算
卡塔尔	专利保护类型包括发明	发明保护期限为20年，自申请日起算		
科威特	专利保护类型包括发明、实用新型、外观设计	发明保护期限为20年，自申请日起算	实用新型保护期限为7年，自申请日起算	外观设计保护期限为10年，自申请日起算

续表

国家	专利保护类型	专利保护期限		
沙特阿拉伯	专利保护类型包括发明、外观设计	发明保护期限为20年，自申请日起算		外观设计保护期限为10年，自申请日起算
黎巴嫩	专利保护类型包括发明、外观设计	发明保护期限为20年，自授权日起算		外观设计保护期限为25年，自注册日起算
也门	专利保护类型包括发明、实用新型、外观设计	发明保护期限为20年，自申请日起算	实用新型保护期限为7年，自申请日起算	外观设计保护期限为10年，自申请日起算
伊拉克	专利保护类型包括发明、外观设计	发明保护期限为20年，自申请日起算		外观设计保护期限为10年，自申请日起算
伊朗	专利保护类型包括发明、外观设计	发明保护期限为20年，自申请日起算		外观设计保护期限为5年，自申请日起算
土耳其	专利保护类型包括发明、实用新型、外观设计	经审查后的授权发明保护期限为20年，不经审查后的授权发明保护期限为7年，自申请日起算	实用新型保护期限为10年，自申请日起算	外观设计保护期限为5年，自申请日起算
阿塞拜疆	专利保护类型包括发明、实用新型、外观设计	发明保护期限为20年，自申请日起算	实用新型保护期限为10年，自申请日起算	外观设计保护期限为10年，自申请日起算
格鲁吉亚	专利保护类型包括发明、实用新型、外观设计	发明保护期限为20年，自申请日起算	实用新型保护期限为10年，自申请日起算	外观设计保护期限为5年，自申请日起算
亚美尼亚	专利保护类型包括发明、实用新型、外观设计	发明保护期限为20年，自申请日起算	实用新型保护期限为10年，自申请日起算	外观设计保护期限为5年，自申请日起算

欧洲以俄罗斯为例，俄罗斯知识产权法的发展也受俄罗斯政治演变的

影响，多次发生剧烈变化。在俄罗斯联邦成立后的一段时间内，由于苏联的法律不再适用，而此前建议的改革法案也未正式颁布，导致俄罗斯的知识产权保护一直处于无法可依的混乱状态。1992 年至 1993 年，俄罗斯通过了一系列有关知识产权的单行法律，包括俄罗斯联邦专利法、俄罗斯联邦商标法、服务标志和商品原产地名称法、俄罗斯联邦计算机程序和数据库法律保护、集成电路布图设计法律保护、俄罗斯联邦版权和邻接权法、俄罗斯联邦育种成果法六部主要单行法。这些法律构成了俄罗斯知识产权法的主要来源，在俄罗斯联邦民法典第四部分“知识产权编”生效前，这些单行法一直发挥着重要作用。2002 年至 2003 年，俄罗斯对上述法律进行了全面的修改与补充。自 2006 年起，俄罗斯对其知识产权法律体系再次进行了重大调整，废除上述知识产权单行法，实现了知识产权立法的完全民法典化。2006 年 12 月 18 日，俄罗斯联邦总统签署了第 230 号“关于俄罗斯联邦民法典第四部分生效”的联邦法律，宣布自 2008 年 1 月 1 日起，废除知识产权领域中原有的一系列单行法，此后，俄罗斯联邦民法典第四部分“知识产权编”即成为俄罗斯全部和唯一的知识产权立法，俄罗斯知识产权领域中的法律关系将完全由这个法律调整。2014 年 3 月 12 日俄罗斯总统签署了第 35 号联邦法律，对俄罗斯联邦民法典第四部分做了多项重大修改。大部分内容的更改于 2014 年 10 月 1 日生效，适用于俄罗斯联邦境内包括专利权、实用新型、工业品外观设计、专有技术、商标、许可和侵权责任多种类型的知识产权权利。

涉及专利权的法律包括俄罗斯联邦民法典（第 1350 ~ 1352 条、第 1406 条）。俄罗斯联邦民法典第 1350 条规定，任何领域涉及产品（包括装置、物质、微生物菌种；植物或动物的细胞培养物）或方法（借助于物质手段作用于物体所实现的过程）的技术解决方案可作为发明予以保护。如果发明具有新颖性、创造性和工业实用性，则予以法律保护。俄罗斯联邦民法典第 1351 条规定，涉及装置的技术方案可作为实用新型予以保护。如果实用新型具有新颖性和工业实用性，则予以法律保护。俄罗斯联邦民法典第 1352 条规定，决定工业或手工业生产制品外观的艺术设计方案可作为工业品外观设计予以保护。如果工业品外观设计依其实质特征具有新颖性和独创性，则予以法律保护。俄罗斯联邦民法典第 1406 条规定，与专利权保护有关的争议由法院予以审理。该类争议包括：①发明、实用新型、工业品外观设计创造人的身份纠纷；②确定专利权人的纠纷；③发明、实用新型或工业品外观设计独占权的侵权纠纷；④签订、履行、变更和终止专有权移转（专利转让）合同和发明、实用新型、工业设计使用许可合同争议；⑤先用权纠纷；⑥后用权纠纷；⑦向发明、实用新型或者工业设计作者支付报酬的数额、期限和程序的争议；⑧对俄罗斯联邦民法典规定支付的补偿数额、期限和程序的争议。在俄罗斯遭遇专利侵权并具备一定的胜诉可能性时建议提起诉讼保全，便于保障合法的权益。俄罗斯民事诉讼法典第 134 条第 1 款规定了诉讼保护措施：查封或扣押属于被告所有的，或由被告本人或他人所持有的被告的财产或钱款；禁止被告实施或完成某些行为；禁止其他人将财产转交给被告或向被告履行其他债务等。俄罗斯联邦民法典也规定了禁止侵权物品流通和扣押侵权设备的诉讼保护措施。

三、“一带一路”专利运营案例

一批中国企业向“一带一路”沿线国家“走出去”的步伐不断加大，“中国制造”“中国品牌”“中国建设”“中国服务”受到越来越多沿线国家和地区的欢迎。一些国家直接认可在我国授权的专利，例如国家知识产权局在 2017 年与柬埔寨工业和手工业部签署知识产权领域合作谅解备忘录。根据协议，在柬埔寨，中国授权的发明专利可直接办理登记生效手续。2018 年 3 月，来自同方威视、清华大学、中兴通讯、华为等中国企业和科研机构的 20 件专利就在柬埔寨登记生效。类似的，2018 年国家知识产权局与老挝科技部签署知识产权领域合作谅解备忘录，老挝也对中国发明专利审查结果予以认可。这项合作使得中国专利权人可以更加方便、快捷地在有关国家获得专利权及相应保护，节省了大量的时间和费用。

随着“一带一路”国际合作的不断深化，专利运营正成为“一带一路”沿线国家间贸易的重要内容，不断为推动“一带一路”沿线国家沟通交流、共同发展贡献力量。近年来，越来越多的企业在“一带一路”沿线国家进行专利运营。

山东重工潍柴集团通过自主提交申请和海外专利并购，积极在“一带一路”沿线国家进行专利布局。浙江吉利控股集团有限公司与马来西亚最大的整车企业多元重工业集团正式签署股权收购协议，这起收购的特别之处在于吉利公司要按照协议向多元重工许可部分汽车技术专利使用权，形成强强联合，共同开拓东南亚市场。浪潮集团先后为越南、印度尼西亚、埃及、南非等沿线国家和地区举办五百余期培训班，借助专利优势，在泰国推广“教育云”，帮助该国实现中小学学籍统一自动化管理。海尔集团在沿线国家和地区共开设多家工厂，占其海外工厂总数的一半，并为巴基斯坦等国提供专利技术标准方面的支持，积极推动家电等领域的标准合作，在更广意义上实现“一带一路”合作成果的共享。①

2018 年，中国铁建在“一带一路”沿线 40 多个国家和地区拥有 200 多个项目，项目总金额达 200 多亿美元。作为“一带一路”建设的先锋队，中国铁建在“走出去”的过程中始终坚持实施“大海外”“国际化”发展战略，提高海外专利纠纷应对能力与风险防控能力，加大知识产权海外布局力度，努力把中国铁建建成在全球范围内具有竞争力的一流企业。②

在“一带一路”专利运用过程中，中国铁建曾在阿尔及利亚东西高速公路施工中，采用了预制六菱型混凝土块作为景观挡土墙。虽然当地市政工程普遍采用这种预制混凝土块，然而这项技术却涉及了法国一家公司在阿尔及利亚拥有的一件专利。由于预警分析不到位，中国铁建在施工中陷入不利境地。虽然该案得以妥善处理，但中国铁建发现了在专利风险规避中的不足之处，吸取这一教训。后来在土耳其安伊高铁二期工程建设中，中国铁建作为牵头单位，在项目前期就系统地检索分析了土耳其的专利情况，建立了专利风险预警机制和纠纷应急预案，在铺轨、电气化和通信领域提交了多件专利申请，为保护技术成果提供了法律依据。在“一带一路”建设中，企业要想驰骋国内外市场需靠专利保驾护航，与竞争对手博弈也要靠专利。随着我国与“一带一路”沿线国家和地区的合作日益频

---

① 孙迪. 包容、发展、合作、共赢——两年来“一带一路”知识产权国际合作成就辉煌 [EB/OL]. (2018 - 08 - 27) [2019 - 12 - 31]. http://www.iprchn.com/cipnews/news_content.aspx?newsId=110287.

② 窦新颖. 知识产权助力中国铁建“三级跳” [N]. 中国知识产权报，2018-03-23 (02).

繁，专利运营就显得尤为重要。国内相关企业需统筹考虑专利风险防控和专利布局，在专利的许可、转让、投融资等运营方面提前采取应对措施或规划好运营方案。

国家电网积极参与“一带一路”建设，实施国际化发展战略。在巴西建成我国首个海外特高压巴西美丽山水电站项目，在埃塞俄比亚承建GDHA 500kV输变电工程竣工交付。在巴基斯坦承建中巴经济走廊框架下唯一的默拉直流输电工程电网项目。在工程承包领域，国家电网承包建设的埃塞俄比亚、肯尼亚、巴基斯坦等国的电力工程和尼日利亚智能电表本土化生产等项目，全部或大量采用中国标准。截至2019年9月，国家电网公司累计主导制定国际标准65项，正式发布国际标准30项，推广262项中国标准在“一带一路”沿线国家电力建设中进行应用，推动了我国技术优势向国际竞争优势的转化。这些成绩的取得，主要得益于国家电网持续全面贯彻国家知识产权战略纲要，深化专利分析布局，加强专利创造和保护，完善专利协同运用和转化水平，不断完善专利保护及运行机制，全面提升专利管理水平，促进专利运营。①

国家电网逐步完善专利运营工作机制，建立专利运营考核指标体系，实施企业专利运营重点规划战略，在相关领域开展国内外专利布局工作，构建了严密的专利布局体系，并根据国内外市场需要，通过许可、转让等途径积极推进专利产业化，不仅提升了核心竞争力，也规避了潜在的侵权风险。

① 马佳.“一带一路”上的国网力量［N］. 国家电网报，2017-05-12（001）.

第八章

专利运营趋势

一、创新更加活跃

据知识产权年度统计数据①，2020 年，我国发明专利授权 53.0 万件。截至 2020 年年底，我国发明专利有效量为 305.8 万件，其中，国内（不含港澳台）发明专利有效量 221.3 万件，每万人口发明专利拥有量达到 15.8 件，而 2019 年每万人口发明专利拥有量为 13.3 件，增幅达到 18.8%。

随着国际社会对中国知识产权保护的信心持续增强，我国企业技术创新主体地位进一步提升，海外知识产权布局不断加强，我国发明专利质量呈现稳中向好态势，合作创新的模式也更加促进了创新的活跃。2020 年中国专利调查报告显示，企业专利权人开展过合作创新的比例为 78.3%。其中，52.1% 的企业专利权人与上下游企业及客户开展过合作，34.9% 与同行业企业开展过合作，27.5% 与高校或科研单位开展过产学研合作。从企业专利权人开展产学研合作比例来看，国家高新技术企业为 40.5%，是非高新技术企业的 1.9 倍。

世界知识产权组织发布的《2020 年全球创新指数报告》显示我国连续两年排名第 14 位，同时在中等偏上收入经济体分组中排名首位，也是排名前 30 位的经济体中唯一的中等收入经济体。这也充分说明我国创新活动持续活跃，能为专利运营的蓬勃发展提供良好的条件和基础。

二、运用更加合理

《2019 全国技术市场统计年度报告》② 显示，我国促进科技成果转移转

---

① 国家知识产权局战略规划司. 2020 年年度知识产权主要统计数据［N］. 知识产权统计简报，2021-01-27.

② 许倞，贾敬敦. 2019 全国技术市场统计年报［M］. 北京：兵器工业出版社，2019：1-51.

化环境持续优化，其中专利技术合同成交额显著增长，专利合同“含金量”显著高于其他技术合同，专利对技术交易重大项目的支撑能力不断增强。

《2020 年中国专利调查报告》显示，专利转移转化指数（PTI）由有效发明专利产业化率、许可率、转让率、作价入股比例、专利价值情况等分项指标数据根据年度变化情况标准化后加权求和而成。PTI 指数以 50 作为荣枯线，高于 50 时，反映专利转移转化活动更加活跃；低于 50 时，反映专利转移转化活动萎缩。测算显示，2020 年 PTI 指数为 54. 7，在荣枯线 50 以上，比上年提高 3. 6，保持在合理上升区间，表明我国有效专利转移转化活跃度不断提升。

“十三五”期间，我国专利转让、许可、质押等总次数达到 138. 6 万次，是“十二五”期间的 2. 5 倍，年均增速达到 23. 7%，超过“十二五”平均增幅 9 个百分点；专利质押融资金额达到 4705 亿元，是“十二五”期间的 3. 1 倍。2020 年专利运营次数达到 40. 5 万次，专利质押融资金额达到 1558 亿元，均是“十二五”末期的 2. 8 倍。

以上数据说明，无论是专利运营整体发展趋势，还是专利运营的创新主体，均充分合理运用专利并发挥专利价值，在加速科技成果转移转化、支撑我国经济平稳运行方面发挥了重要作用。

三、保护更加严格

2019 年 11 月，中共中央办公厅、国务院办公厅印发《关于强化知识产权保护的意见》（以下简称《意见》），要求各地区各部门结合实际认真贯彻落实。加强知识产权保护，是完善产权保护制度最重要的内容，也是提高我国经济竞争力的最大激励。《意见》指出，牢固树立保护知识产权就是保护创新的理念，坚持严格保护、统筹协调、重点突破、同等保护，不断改革完善知识产权保护体系，综合运用法律、行政、经济、技术、社会治理手段强化保护，促进保护能力和水平整体提升。力争到 2022 年，侵权易发多发现象得到有效遏制，权利人维权“举证难、周期长、成本高、赔偿低”的局面明显改观。到 2025 年，知识产权保护社会满意度达到并保持较高水平，保护能力有效提升，保护体系更加完善，尊重知识价值的营商环境更加优化，知识产权制度激励创新的基本保障作用得到更加有效发挥。《意见》立足现实发展需要，从建立健全知识产权严保护、大保护、快保护、同保护工作体系等方面着手，对知识产权保护做出了具有时代特点的系统谋划和整体部署。

更加严格的专利保护，主要体现在专利侵权和假冒产品处罚力度的逐步提高，目前我国专利法大幅提高了专利侵权法定赔偿的上限，加大了损害赔偿的力度；另外也从加强执法监督，加强专业技术支持（如技术调查支撑）等方面加强治理；在地方优势产业集群中新设知识产权保护中心，以促进快速协同保护；加强海外信息服务平台建设，指导处理海外知识产权纠纷，建立海外纠纷协调解决机制，加强海外保护力度。

《2020 年中国专利调查报告》显示，2020 年我国遭遇过专利侵权的专利权人占比为 10.8%，较 2015 年下降 3.7 个百分点，总体呈下降趋势。表明“十三五”时期我国知识产权保护环境持续向好，我国专利侵权易发多发现象得到有效遏制。同时，我国企业专利权人遭遇侵权后采取维权措施的比例为 73.9%，比 2015 年增加 12.1 个百分点，近年来该比例连续提升。充分显示“十三五”时期，我国专利权人维权意识持续增强，在遭遇侵权后能够积极采取维权措施维护正当权益。另外，2020 年我国专利侵权诉讼法院判定赔偿、诉讼调解或者庭审和解金额中 100 万元以上的占比为 7.3%，较 2015 年增加 4.4 个百分点，近几年该比例整体呈现增长态势。表明“十三五”时期随着我国知识产权惩罚性赔偿制度的建立和完善，知识产权侵权违法成本不断提高。

四、管理更加到位

专利作为一种无形资产，需要通过有效的运营管理来充分实现其价值，使专利技术转化为有用的生产力，促进经济又好又快地发展。专利运营管理应积极响应国家知识产权战略，不断协调完善相关管理政策体系，强化专利的运营管理工作，培养专利运营管理人才队伍，推动专利技术通过转化运用创造更多的社会经济效益。

在政府层面，近年逐步建立完善的专利管理体系，强化专利标准化管理，优化企业专利管理体系，加强专利综合运用管理，提高创新成果利用效率，推动建立大中小企业共创、共有、共享知识产权激励机制，提升专利转化运用效率，使专利运营管理更加到位。主要体现在以下几个方面。

1. 加强专利标准化管理

优化专利标准化管理工作机制，完善专利标准体系，建立完善标准化与专利的互动机制，强化专利产品的运用转化。推进知识产权国际标准化工作，例如加强与国际标准化组织创新管理技术委员会（ISO/TC 279）的交流，积极做好国内技术对口工作，深度参与创新管理领域标准化工作，推动《创新管理—知识产权管理指南》国际标准制定，加快推进国内国际标准一体化。扎实做好企业、科研组织和高校的标准对外宣传推广工作，为深度参与国际标准化工作提供支撑。提升专利标准化基础能力水平，加强对国家科研组织专利管理标准化发展研究基地的业务指导。支持国家专利运用平台申报建设国家专利标准化创新基地。开展专利数据标准研究，为《专利数据元素标准暂行办法》《专利文献数据规范》的修订提供合理化建议。

2. 优化企业专利管理体系

推动各类企业落实专利管理规范，建立与经营发展相协调的专利管理体系，引导企业加强专利机构、制度和人才队伍建设，将专利管理贯穿生产经营全流程。引导涉及国家安全、国民经济命脉和关键领域的国有企业加强专利管理体系建设，建立健全专利资产管理制度。深入实施中小企业专利战略推进工程，鼓励科技型中小企业加强专利管理，支持小微企业实行专利委托管理。

3. 加强专利综合运用管理

做好各类专利运营平台建设布局，加快重点城市专利运营服务体系建设。研究制定促进专利质押融资业务良性发展的政策，完善专利质押融资风险补偿及分担机制，推动专利商标混合质押，建立专利质押融资统计制度。鼓励保险机构开发设计满足企业需求的专利保险产品，鼓励探索专利证券化。鼓励信托公司综合运用股权、债权、投贷联动、产业基金、专利信托等方式开展专利投融资业务。鼓励融资担保公司开发适合专利的信用担保产品，加大对小微企业专利融资的支持力度。大力培育高价值专利，提升产业核心竞争力，重点包括深入实施专利质量提升工程和构筑产业核心技术专利池。

对于专利运营主体来说，为使专利运营管理更加到位，应从以下方面着手①：

第一，应建立和完善专利运营制度，并协调专利运营制度与其他知识产权管理制度的关系，形成完整的知识产权管理制度体系。专利运营有关制度应包括：议事决策和审查制度、信息情报制度、专利评估制度、文件档案管理制度、合同管理制度、专利的维护与监控制度、专利报酬制度、工作考核评价和奖惩制度、保密制度、宣传培训制度等。

第二，宜设立专利运营管理机构或委托专业的专利运营服务机构负责专利运营工作；专利运营管理机构宜由高层直接负责并设置专利运营总监，配备专、兼职工作人员保障专利运营工作的开展。宜根据需要发展外部专利运营合作机构或团队，包括专业的知识产权律师事务所、专利代理机构、专利运营公司、金融机构、专利运营专家顾问团队等。内部专利运营团队与外部专利运营合作机构或团队应及时了解最新的法律法规、操作实务及行业的专利运营动态等，并保持及时、畅通的沟通。

第三，应设立专利运营的经常性预算费用，保障专利运营工作的正常运转。应建立完善的财务制度，对专利运营工作进行考核。宜建立专利运营激励机制，推动专利运营工作的开展。

第四，应具有稳定的技术研发团队保持技术的持续创新，以自主创新或者专利交易等方式不断获取专利或专利申请，不断积累高品质的专利资源并对其进行管理维护。

第五，应建立与企业知识产权发展阶段相适应的知识产权信息管理体制，建立专利运营信息的企业内部信息收集程序和外部信息收集渠道。

对专利进行有效运营与管理，可以提升专利技术成果转化效率，使看不见的无形资产转化为看得见的有形资产，推动创新主体乃至国民经济高质量发展。

---

① 参见深圳市市场监督管理局制定并发布的深圳市标准化指导性技术文件《企业专利运营指南》（编号：SZDB/Z 102－2014）。

五、服务更加完善

自2014年以来，国家知识产权局会同财政部确立了在北京建设全国知识产权运营公共服务平台，在西安、珠海建设两大特色试点平台，并通过股权投资重点扶持20家知识产权运营机构，目前已初步形成“1+2+20+N”的知识产权运营服务体系。在“1+2+20+N”的知识产权运营服务体系中，国家知识产权局扶持了10个省份的知识产权运营机构，引导10个省份设立重点产业知识产权运营基金，支持4个省份设立知识产权质押融资风险补偿基金，并在16个城市开展了知识产权运营体系建设试点，有效促进了知识产权与创新资源、产业发展、金融资本融合。

截至2020年年底，知识产权运营服务体系建设重点城市达到37个，对全国专利运营工作发展的带动作用明显增强。自2017年起，4批37个重点城市开展了知识产权运营服务体系建设。数据显示，启动建设以来，四批37个重点城市的创新主体共开展40.7万次专利运营活动，获得1680.9亿元专利质押融资。2020年，37个重点城市专利运营次数达到18.8万次，专利质押金额达到808.9亿元，分别占全国的46.4%和51.9%；专利运营次数同比增加39.5%，高于全国平均增速7.5个百分点；专利质押融资金额同比增加54.3%，高于全国平均增速13.3个百分点，有力发挥了引领带动作用。2020年，7个国家级知识产权运营平台（中心）服务各类创新主体近万家，促成知识产权交易运营6449件，交易金额超过39亿元，新增挂牌可运营知识产权9万件，新增注册用户近15万个；14个股权投资支持的知识产权运营机构完成知识产权交易运营3351件，成交金额近19亿元，新增委托运营知识产权6.9万件；23支引导设立知识产权运营基金新增投资项目30个，新增投资金额5.6亿元，已有多个投出项目成功挂牌科创板，并陆续有项目开始退出，实现投资收益。

同时我国也在大力探索知识产权服务方面的创新举措，主要体现在以下几点。

①探索知识产权服务产业发展新路径。支持区域性、产业性、功能性知识权运营中心建设，打造综合性、集团型、专业化知识产权运营机构，

提供全链条知识产权运营服务，提升城市知识产权运营能力。

②丰富知识产权金融服务供给内容。拓宽现有产投、创投基金投资方向，将知识产权服务机构、高价值专利培育项目纳入投资对象；鼓励知识产权运营基金差异化发展，探索形成基于企业知识产权价值发现的投贷联动模式；引导建立知识产权运营基金，围绕战略性产业投资运营专利，构建高价值知识产权资产组合；积极推进知识产权证券化工作。

③创新知识产权运营服务体系建设举措。根据地区发展水平和产业发展需求，积极探索其他知识产权运营服务体系建设有关创新性、改革性举措，推动城市产业高质量发展。

专利作为知识产权的重要体现，通过加强政策引领和改革创新，会促进专利服务体系融合和要素互补，优化资源集聚和开放共享，发挥中央、地方、创新主体积极性，有力推动经济的发展，同时也使专利服务体系更加繁荣、完善。

六、国际化更加鲜明

《中国制造 2025》设定了“新中国成立一百年时，制造业大国地位更加巩固，综合实力进入世界制造强国前列。制造业主要领域具有创新引领能力和明显竞争优势，建成全球领先的技术体系和产业体系”的战略目标。在这些政策的引领指导下，中国企业的国际化发展势头越来越强。

2020 年 12 月 7 日，世界知识产权组织（WIPO）发布《世界知识产权指标》年度报告。该报告指出，2019 年中国国家知识产权局受理的专利申请量为 140 万件，位列第一，其次是美国（621453 件）、日本（307969 件）、韩国（218975 件）和欧洲（181479 件）；美国向海外国家提交了 236032 件专利申请，位列第一，中国（84279 件）位列第四。

2020 年 12 月 9 日，世界知识产权组织发布了《2020 年全球创新指数报告》。该报告指出，受全球新冠肺炎疫情的影响，风险投资和创新的方向已逐渐转向卫生、在线教育、大数据、电子商务和机器人领域。在全球科技集群的排名中，我国深圳—香港—广州集群位列第二，北京集群位列第四。在国际层面统筹开展研发活动能够有效抵制愈演愈烈的单边主义趋势，从而解决当下和未来的重要社会问题。

2019 年，第二届“一带一路”国际合作高峰论坛明确提出“更大力度加强知识产权保护国际合作”，标志着中国与“一带一路”沿线国家知识产权事业进入高质量发展的新阶段。统计数据显示，2019 年，中国在签订“一带一路”协议的国家的专利申请公开量为 5293 件，同比增长 8.5%，共进入 24 个国家。

从专利申请量的数据可以看出，我国的创新活动不断增加。向国外提交专利申请是“走出去”向海外市场进军的一个重要参考数据，这个数据表明我国国际化道路更加鲜明。国际专利运营必将助力我国企业国际化道路越走越宽。